SHENQIDEYUZHOU

神奇的宇宙

逐梦宇宙与星空

张法坤◎编著

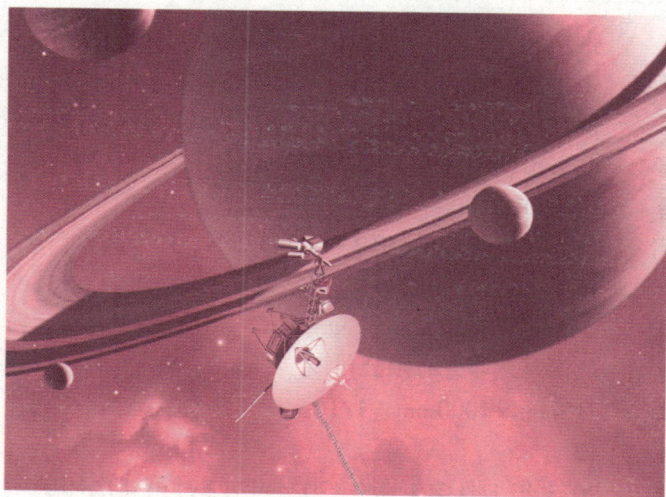

中国出版集团

现代出版社

图书在版编目（CIP）数据

逐梦宇宙与星空／张法坤编著．—北京：现代出版社，2012.12（2024.12重印）

（神奇的宇宙）

ISBN 978 - 7 - 5143 - 0926 - 3

Ⅰ.①逐… Ⅱ.①张… Ⅲ.①宇宙 - 青年读物②宇宙 - 少年读物 Ⅳ.①P159 - 49

中国版本图书馆 CIP 数据核字（2012）第 275053 号

逐梦宇宙与星空

编　　著	张法坤
责任编辑	张　晶
出版发行	现代出版社
地　　址	北京市朝阳区安外安华里 504 号
邮政编码	100011
电　　话	010 - 64267325　010 - 64245264（兼传真）.
网　　址	www. xdcbs. com
电子信箱	xiandai@ cnpitc. com. cn
印　　刷	唐山富达印务有限公司
开　　本	710mm×1000mm　1/16
印　　张	12
版　　次	2013 年 1 月第 1 版　2024 年 12 月第 4 次印刷
书　　号	ISBN 978 - 7 - 5143 - 0926 - 3
定　　价	57. 00 元

前　言

　　宇宙的起源与变化，和"先有鸡还是先有蛋"这样的问题类似，总是叫人理不清，道不明。换句话说，宇宙到底是怎么产生的？宇宙诞生这些年又发生了怎样的变化？宇宙将来会沿着什么样的轨迹发展？这些问题，一直困扰着许许多多研究宇宙的科学家。

　　根据科学家的估算，宇宙诞生至今，已有 136 亿年之久。在这 136 亿年之间，关于宇宙的诞生，引起了许多人的纷争：有的人认为，宇宙的诞生是和宗教有关的；有的人认为宇宙是由宇宙大爆炸之后诞生的。现如今，宇宙大爆炸论深入人心，更多的人都愿意相信，宇宙是诞生于一场大爆炸之后。

　　人类是宇宙的一分子，我们生活的地球是宇宙星系中的一员，因此，对于宇宙的诞生与变化也起着十分重要的作用。许多科学家及天文爱好者把研究宇宙的发展、变化作为终身追求的事业，正是有了他们辛勤的工作，孜孜不倦的研究，我们后人才能知道关于宇宙更多的真相。

　　在本书中，详细地阐述了许多关于宇宙起源与变化的知识，为读者全面解读宇宙打开了一扇窗。

　　希望读者读过本书，能对宇宙有进一步的认识，那么，我们编纂本书的目的，就已经达到了。

目 录

宇宙的最终归宿之谜

扑朔迷离的宇宙概况

　　宇宙是一切时间和空间的结合体。宇宙看似神秘，但是随着人类文明的进步，了解宇宙已经成了人类追求进步的表现，人类已经把触手伸进了太空。宇宙的面纱已经逐渐地被人类揭开。

　　宇宙到底是什么样的？宇宙中都有哪些成员？它们在宇宙中扮演着什么样的角色？这些宇宙的谜团将一一地呈现在人们面前，此外，科技的发展将为人类探索宇宙奠定坚实的基础。相信在不久的将来，人类能全方位地了解宇宙。

宇宙起源于大爆炸吗

　　宇宙是如何起源的？空间和时间的本质是什么？这是从两千多年前的古代哲学家到现代天文学家一直都在苦苦思索的问题。经过了哥白尼、赫歇尔、哈勃的从太阳系、银河系到河外星系的探索宇宙三部曲，宇宙学已经不再是幽深玄奥的抽象哲学思辩，而是建立在天文观测和物理实验基础上的一门现代科学。

　　目前，在学术界影响较大的"大爆炸宇宙论"是1927年由比利时数学家勒梅特提出的，他认为最初宇宙的物质集中在一个超原子的"宇宙蛋"里，在一次无与伦比的大爆炸中分裂成无数碎片，形成了今天的宇宙。1948年，俄裔美籍物理学家伽莫夫等人，又详细勾画出宇宙由一个致密炽热的奇点于150亿年前一次大爆炸后，经一系列元素演化到最后形成星球、星系的整个膨胀演化过程的图像。但是该理论存在许多使人迷惑之处。

勒梅特

宏观宇宙是相对无限延伸的。"大爆炸宇宙论"关于宇宙当初仅仅是一个点，而它周围却是一片空白，即将人类至今还不能确定范围也无法计算质量的宇宙压缩在一个极小空间内的假设只是一种臆测。况且从能量与质量的比例关系考虑，一个小点无缘无故地突然爆炸成浩瀚宇宙的能量从何而来呢？

人类把地球绕太阳转一圈确定为衡量时间的标准——年。但宇宙中所有天体的运动速度都是不同的，在宇宙范围，时间没有衡量标准。譬如地球上东西南北的方向概念在宇宙范围就没有任何意义。既然年的概念对宇宙而言并不存在，大爆炸宇宙论又如何用年的概念去推算宇宙的确切年龄呢？

1929 年，美国天文学家哈勃提出了星系的红移量与星系间的距离成正比的哈勃定律，并推导出星系都在互相远离的宇宙膨胀说。哈勃定律只是说明了距离地球越远的星系运动速度越快——星系红移量与星系距离呈正比关系。但他没能发现很重要的另一点——星系红移量与星系质量也呈正比关系。

宇宙中星系间距离非常非常遥远，光线传播因空间物质的吸收、阻挡会逐渐减弱，那些运动速度越快的星系就是质量越大的星系。质量大，能量辐射就强，因此我们观察到的红移量极大的星系，当然是

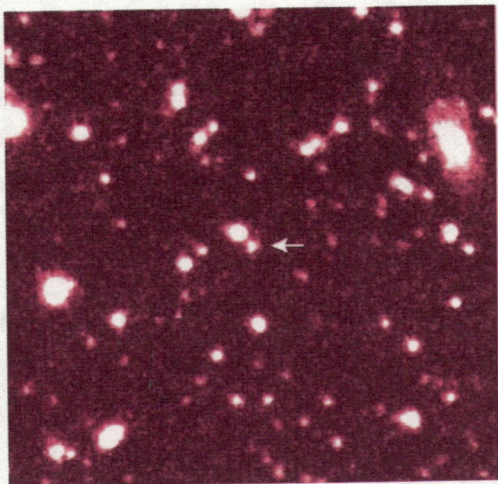

红移现象

质量极大的星系。这就是被称作"类星体"的遥远星系因质量巨大而红移量巨大的原因。另外那些质量小、能量辐射弱的星系（除极少数距银河系很近的星系，如大、小麦哲伦星系外）则很难被观察到，于是我们现在看到的星系大多呈红移状态。而银河系内的恒星由于距地球近，大小恒星都能被看到，所以恒星的红移紫移数量大致相等。

导致星系红移多紫移少的另一原因是：宇宙中的物质结构都是在一定范围内围绕一个中心按圆形轨迹运动的，不是像大爆炸宇宙论描述的从一个中心向四周做放射状的直线运动。因此，从地球看到的紫移星系范围很窄，数量极少，只能是与银河系同一方向运动的，前方比银河系小的星系；后方比银河系大的星系。只有将来研制出更高分辨程度的天文观测仪器才能看到更多的紫移星系。

宇宙中的物质分布出现不平衡时，局部物质结构会不断发生膨胀和收缩变化，但宇宙整体结构相对平衡的状态不会改变。仅凭从地球角度观测到的部分（不是全部）可见星系与地球之间距离的远近变化，不能说明宇宙整体是在膨胀或收缩。就像地球上的海洋受引力作用不断此涨彼消的潮汐现象，并不说明海水总量是在增加或减少一样。

宇宙中的星系

至于大爆炸宇宙论中的氦丰度问题，氦元素原本就是宇宙中存在的仅次于氢元素的数量极丰富的原子结构，它在空间的百分比含量和其他元素的百分比含量同样都属于物质结构分布规律中很平常的物理现象。在宇宙大尺度范围中，不仅氦元素的丰度相似，其余的氢、氧等元素的丰度也都是相似的。而且，各种元素是随不同的温度、环境而不断互相变换的，并不是始终保持一副面孔，所以微波背景辐射和氦丰度与宇宙的起源之间看不出有任何必然的联系。

知识点

潮　汐

　　潮汐现象是指海水在天体（主要是月球和太阳）引潮力作用下所产生的周期性运动，习惯上把海面垂直方向涨落称为潮汐，而海水在水平方向的流动称为潮流，是沿海地区的一种自然现象。古代称白天的河海涌水为"潮"，晚上的称为"汐"，合称为"潮汐"。

延伸阅读

视界问题

　　视界问题来源于任何信息的传递速度不可能超过光速的前提。对于一个存在有限时间的宇宙而言，这个前提决定了两个具有因果联系的时空区域之间的间隔具有一个上界，这个上界被称作粒子视界。从这个意义上看，所观测到的微波背景辐射的各向同性与这个推论存在矛盾：如果早期宇宙直到"最终的散射"时期之前一直都被物质或辐射主导，那时的粒子视界将只对应着天空中大约2度的范围，从而无法解释为何在一个如此广的范围内都具有相同的辐射温度以及如此相似的物理性质。对于这一看似矛盾之处，暴涨理论给出了解决方案，它指出在宇宙诞生极早期（早于重子数产生）的一段时间内，宇宙被均匀且各向同性的能量标量场主导着。在暴涨过程中，宇宙空间发生了指数膨胀，而粒子视界的膨胀速度远比原先预想的要快，从而导致现在处于可观测宇宙两端的区域完全处于彼此的粒子视界中。从而，现今观测到的微波背景辐射在大尺度上的各向同性是由于在暴涨发生之前，这些区域彼此是相互接触而具有因果联系的。

　　根据海森堡的不确定性原理，在暴涨时期宇宙中存着微小的量子热涨落，随着暴涨这些涨落被放大到宇观尺度，这就成为了当今宇宙中所有结构的种子。暴涨理论预言这些原初涨落基本上具有尺度不变性并满足高斯分布，这已经通过测量微波背景辐射得到了精确的证实。如果暴涨的确发生过，宇宙空间中的大片区域将因指数膨胀而完全处于我们可观测的视界范围以外。

中国关于宇宙起源的传说

盘古是中国古代传说中开天辟地的神，是中国历史传说中开天辟地的祖先，他殚精竭虑，以自己的生命演化出生机勃勃的大千世界，为千秋万代的后人景仰。盘古是自然大道的化身，在开天辟地的传说中蕴含了极为丰富而深刻的文化、科学和哲学等内涵，是研究宇宙起源、创世说和人类起源的重要线索。而他的"鞠躬尽瘁、死而后已"的献身精神，更是人类精神的至高境界，历来为仁人志士所效尤。千百年来，盘古文化在这片他以自己的生命所化的热土上，流传不息，不断繁衍，延续古今，传播中外，成为中华文化中一颗璀璨的明珠。《广博物志》卷九行《五运历年纪》这样记载："盘古之君，龙首蛇身，嘘为风雨，吹为雷电，开目为昼，闭目为夜。死后骨节为山林，体为江海，血为淮渎，毛发为草木"。盘古最早见于三国时徐整著的《三五历纪》。其后，题为梁任昉撰的《述异记》称盘古身体化为天地各物。《五运历年纪》（不详撰成年代或云亦徐整著）及《古小说钩沉》辑的《玄中记》亦有类似记载。

传说在天地还没有开辟以前，有一个不知道为何物的东西，没有七窍，它叫作帝江（也有人叫他混沌），他的样子如同一个没有洞的口袋一样，它有两个好友一个叫倏一个叫忽。有一天，倏和忽商量为帝江凿开七窍，帝江同意了。倏和忽用了七天为帝江凿开了七窍，但是帝江却因为凿七窍死了。

帝江死后，它的肚子里出现了一个人，名字叫盘古。帝江的精气变成了以后的黄帝。

盘古在这个"大口袋"中一直酣睡了约18000年后醒来，发现周围一团黑暗，当他睁开蒙眬的睡眼时，眼前除了黑暗还是黑暗。他想伸展一下筋骨，但"鸡蛋"紧紧包裹着身子，他感到浑身燥热不堪，呼吸非常困难。天哪！这该死的地方！

盘古不能想象可以在这种环境中忍辱地生存下去。他火冒三丈，勃然大怒，于是他拔下自己的一颗牙齿，把它变成威力巨大的神斧，抡起来用力向周围劈砍。

"哗啦啦啦……"一阵巨响过后，"口袋"中一股清新的气体散发开来，飘飘扬扬升到高处，变成天空；另外一些浑浊的东西缓缓下沉，变成大地。从此，混沌不分的宇宙一变而为天和地，不再是漆黑一片。人置身其中，只觉得神清气爽。

盘古仍不罢休，继续施展法术，不知又过了多少年，天终于不能再高了，地也不能再厚了。

这时，盘古已耗尽全身力气，他缓缓睁开双眼，满怀深情地望了望自

传说中的盘古

己亲手开辟的天地。

啊！太伟大了，自己竟然创造出这样一个崭新的世界！从此，天地间的万物再也不会生活在黑暗中了。

盘古长长地吐出一口气，慢慢地躺在地上，闭上沉重的眼皮，与世长辞了。

伟大的英雄死了，但他的遗体并没有消失：

盘古临死前，他嘴里呼出的气变成了春风和天空的云雾；声音变成了天空的雷霆；盘古的左眼变成太阳，照耀大地；右眼变成皎洁的月亮，给夜晚带来光明；千万缕头发变成颗颗星星，点缀美丽的夜空；鲜血变成江河湖海，奔腾不息；肌肉变成千里沃野，供万物生存；骨骼变成树木花草，供人们欣赏；筋脉变成了道路；牙齿变成石头和金属，供人们使用；精髓变成明亮的珍珠，供人们收藏；汗水变成雨露，滋润禾苗；盘古倒下时，他的头化作了东岳泰山（在山东），他的脚化作了西岳华山（在陕西），他的左臂化作南岳衡山（在湖南），他的右臂化作北岳恒山（在山西），他的腹部化作了中岳嵩山（在河

南）。传说盘古的精灵魂魄也在他死后变成了人类。所以，都说人类是世上的万物之灵。

知识点

徐 整

　　徐整，字文操，豫章人。是三国时吴国的太常卿，据《隋书》记载撰有《毛诗谱》，注有《孝经默注》，另著有中国上古传说的《三五历记》及《五远历年纪》，为目前所知记载盘古开天传说的最早著作。

延伸阅读

盘古斧与盘古山

1. 盘古斧

传说中的上古十大神器之一。传说天地混沌之初，盘古由睡梦醒来，见天地昏暗，遂拿一巨大之斧劈开天与地，自此才有人类世界，此斧拥有分天开地，穿越太虚之力，威力不下轩辕剑。

2. 盘古山

泌阳盘古山，位于河南省泌阳县（驻马店市）南15千米处。传说此山就是当年的盘古开天辟地、繁衍人类、造化万物的地方。山势巍峨挺拔，高耸入云。山石嶙峋并立，林木苍郁，古庙幽静，景色宜人，乳白色的云雾飘荡在山峦间，一层层薄纱覆盖着一个个悠远的神话传说。更因有盘古庙及盘古庙会而闻名四方。在山周围31.5平方千米内，还广泛分布着与盘古有关的诸多人文历史景观，自古以来灵迹甚多。为弘扬中华民族的优秀文化立下了汗马功劳。

西方关于宇宙起源的传说

　　传说很久很久以前，天地及世间万物都不曾存在，只有上帝。是上帝创造了天地及万物。

　　当上帝看见世界空虚混沌、暗淡无光时，就说："要有光！"于是光就立刻出现了，光芒四射，奕奕闪烁。上帝觉得光很好，就决定把光明和黑暗分开。他称光明为昼，黑暗为夜。晨去晚来，这便是世界的第一天。

西方社会的上帝

　　上帝在淼淼水城的上空布上穹窿，这穹窿犹如一个巨型大拱顶，清澈透明。上帝将这天穹称之为天，晚临，这便是世界的第二天。

　　第三天，上帝说："天底下的水要汇聚起来了，陆地也显露出来。"上帝把有水的地方称为海洋，无水的地方称为陆地。他觉得海洋与陆地非常好，就说："陆地上要有花草树木，树木要根据自己的品种结出果实。"就样，大地披上了一层绿装，点缀着花草树木，空气里飘荡着花果的馨香。上帝看到这一切，心中非常高兴。这时夜幕降临了，这是第三天。

　　第四天，上帝说："苍穹要有发光体，以便分昼夜，辨岁月，定日期，划四季。天上的光要普照大地。"这样，上帝创造了两颗大的发光体，大的叫太阳，管白昼；小的叫月亮，管黑夜，另外还有许许多多星星，闪闪烁烁，亮亮晶晶，撒满深蓝色的天空。这是第四天。

　　第五天，上帝说："水中要有各种水生物，空中要有各种飞禽。"这样，上帝造出了各种水生物在水中畅游，造出了各种飞禽在空中翱翔。上帝看见这些造物很好，就赐福给这一切说："滋生繁衍吧，鱼类和飞禽！让海中、地上、天空充满生机。"

到了第六天，陆地上仍未见任何动物。这时上帝就说："陆地上要生出各种各样的活的动物来，牲畜、昆虫、野兽，各从其类，动物的肉要能食用。"于是上帝造出牲畜、昆虫和野兽。看到这一切——日月星辰，花草树木，鸟兽虫鱼，上帝很是得意。

这时上帝说："我要造一个人，使他不同于其他动物。我要照着自己的形象造人，让他看管水中的鱼、空中的鸟、地上的走兽和昆虫！"这样上帝以他的形象造出了人。然后他又把人分成男人和女人，并祝福他们说："你们要生儿育女，传宗接代，让陆地的每个角落都有你们的子孙后代。你们要治理地面，治理海洋，统治水中的鱼，空中的鸟，地上的野兽。"上帝继续说："我把地上生长的一切植物赐给你们，让你们享用；我把青草赐给所有的飞禽走兽，让它们享用。"这样上帝不但创造了人，还把大地赐给了他们。上帝看见这一切所造之物，非常喜悦。这是第六天。

天地万物都造齐了。到了第七日，上帝造物的工作已经完毕，就在这天他歇息了，也就是我们平常说的礼拜日或星期日。鉴于此因，人们在第七日不工作。人们或休息，或祈祷上帝赐福予人们。

知识点

上　帝

上帝是儒教的最高神，天之最尊者，语出《尚书·召诰》："皇天上帝改厥元子兹大国殷之命。"人之所尊，莫过于帝，托之于天，故称上帝。儒教教义认为"天降下民，作之君，作之师，惟曰其助上帝，宠之四方"。儒教圣人是上帝的使者，天子当常以上帝之心为心，兴一善念。天有六天，以五配一，上天以其五行佐成天事，因此上帝有五位辅佐，即五帝，五帝也是上帝。根据周礼，天子于孟春、秋分、冬至以最高礼仪用碧玉、禋祀、太牢祭上帝于天坛。北京天坛即上帝之庙。

普罗米修斯创造人类

关于创造人类有个重要的概念首先需要明确，那就是一般人认为的普罗米修斯创造人类并不是最早的。我们知道人类有五个时代：黄金时代、白银时代、青铜时代、英雄时代和黑铁时代，其中黄金时代的人类是克洛诺斯创造的，白银和青铜时代的人类是宙斯创造的，而我们通常说的"普罗米修斯造人"应该是创造英雄时代的人类。

一般的说法是普罗米修斯用水和泥土塑造了人类，普罗米修斯的好友智慧女神雅典娜给了这个新生物以灵魂，使人具有了生气。在德国作家斯威布的《希腊的神话和传说》里关于普罗米修斯造人一段是这样描写的："天和地被创造出来，大海波浪起伏，拍击海岸。鱼儿在水里嬉戏，鸟儿在空中歌唱。大地上动物成群，但还没有一个具有灵魂的、能够主宰周围世界的高级生物。这时普罗米修斯降生了，他是被宙斯放逐的古老的神只族的后裔，是地母该亚与乌拉诺斯所生的伊阿佩托斯的儿子。他聪慧而睿智，知道天神的种子蕴藏在泥土中，于是他捧起泥土，用河水把它沾湿调和起来，按照世界的主宰，即天神的模样，捏成人形。为了给这泥人以生命，他从动物的灵魂中摄取了善与恶两种性格，将它们封进人的胸膛里。在天神中，他有一个女友，即智慧女神雅典娜；她惊叹这提坦神之子的创造物，于是便朝具有一半灵魂的泥人吹起了神气，使它获得了灵性。"

宗教世界的宇宙起源与特征

根据古代的信仰，造世主是一个被称为胡纳伯或胡纳伯·库的神，它是伊扎姆纳的父亲，玛雅的宙斯，"他们朝拜唯一的神，神的名字是胡纳伯和扎姆那。"唯一的神胡纳伯·库在玛雅语中准确地说是："hun"是指"一个"，ab是"存在"，ku是指"神"。这个造物主似乎离人们的日常生活十分遥远，在人们的生活中很少被信奉，根据危地马拉高地上昆切·玛雅人的圣书——《波波尔·乌》记载，造物主用玉米创造了人类。

玛雅人还认为在现在这个世界外别有许多世界，而之前每一个都被洪水所淹灭，兰达主教记载了这一传统观念但没有记述如此被毁坏的世界有多少个。

在人们敬重的数量众多的神中，他们只朝拜四个，每一个都被称作Bacab，人们传说他们是四个兄弟，在上帝（胡纳伯·库）创造世界时，把他们安置在四个点上来支撑天空，这样天就不会

现代玛雅人

塌陷。他们还说：这些神在洪水毁灭世界时都逃脱了，人们为他们每个都起了新名字，用他们来表明上帝让他们支撑天堂时，放置在世界的哪几部分。

根据玛雅预言，现在我们所生存的地球，已经是在所谓的第五太阳纪，在每一纪结束时，都会上演一出惊心动魄的灾难剧。

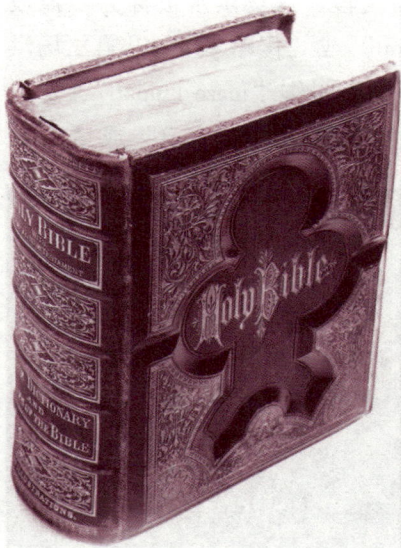

《圣经》

第一个太阳纪马特拉克堤利，被洪水所灭，有一说法是诺亚的洪水。

第二个太阳纪伊厄科特尔，被风神吹得四散零落。

第三个太阳纪托雷奎雅维洛，因天降火雨而步向毁灭之路。

第四个太阳纪宗德里克，又被火雨的肆虐引发的大地颠覆灭亡。

从第一到第四个太阳纪末期，地球皆陷入空前大混乱中，玛雅预言的最后一章，大多是年代的记录。

为了证实这种传说，在《德莱斯顿古抄本》的最后一页用象形文字描述被水淹没的世界末世。一个羽蛇状的主物在空中

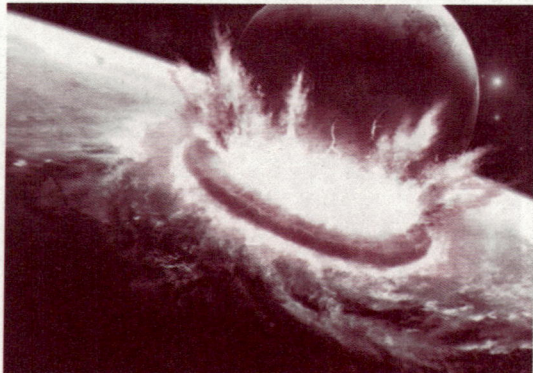

玛雅人关于世界末日的预言

舒展着自己的肢体，在它体侧是星座的标志，在他腹部悬挂着日食和月食的标记，在它张开的下颚，在日月食的标志之间，一股洪水向大地倾泻下来，在羽蛇下边，是代表死亡和毁灭的老女神，她有着爪一般的手指甲和脚趾甲，举着一个倒置的碗，碗中涌流出毁灭一切的洪水，在图画的最底部站着艾克·曲瓦，他是黑战神，头上站着那代表恶征兆的鸣咽鸟，他右手握着两根标枪，而左手拄着一根拐杖，它们都指向下方。

尤卡坦北部的现代玛雅人相信，在这个世界之前还存在着三个世界，第一世界生活着一群侏儒——"Saiyam winicob"或称"调整者"，人们认为他们建造了伟大的已经毁灭的城市。由于那时还没有创造出太阳，所以所有工作都是在黑暗中完成的，当太阳第一次升起时，侏儒就变成了石头，在今天还可以在城市废墟中看到他们的形象；在奇苓伊策萨发现的被称作大西洲人的形象可能是他们的象征。第一世界被一场汹涌的洪水所覆没，这场洪水被称为"淹没地球的洪水"；第二世界的居住者叫作"dzobob"或"侵略者"，以第二场洪水终结；第三世界居住的是玛雅人，这种普通的人叫作"maze hualob"，这一世界以第三场洪水的泛滥宣告终结，这场洪水被称为"hunyecil"或"bulk-abal"，意思是"淹没"，随后到来的是现在的世界也就是所谓的第四个世界，居住着这半岛上以前所有的人种，而这一切最终毁于第四场洪水。

玛雅宗教有着强烈的二元论趋势，决定人类命运的善恶之神间的争斗不断：善良的神带来了电和雨，保证玉米的结实和丰收。代表邪恶的神，是死亡和毁灭之源，这

玛雅人的诺亚传说

些灾难毁掉了玉米，带来了饥荒和痛苦。这些内容在手抄本中都有描绘。在手抄本中，描写雨神正在照顾一棵树，而他身后的死神把树一劈为二，这种人精神上的善恶对抗，与许多宗教信仰相对形成了对照，有些比基督教还古老。

玛雅人将世界构想成 13 层天堂，最底层的是地面，每一层都由上天的 13 个神灵中的一个来主管，在玛雅语中也被称为"oxlahuntiku"——在玛雅语中 oxlahun 是指"13"，ti 是"的"，ku 是"神"。同样也有 9 层地狱，每层也有它自己的神，即"bolontiku"或称"下界的 9 个神"之一所主管，在玛雅语中，bolon 是"9"，ti 是"的"，ku 是"神"。第九层即地狱最底层是 Mitnal，被死神阿·普切统治。

玛雅的天堂被描述为欢喜所在，那里没有痛苦，只有充足的饮食，他们在那里种 yaxche 或玛雅人的献祭树——塞巴树，在树荫下，他们摆脱劳动永远安息。那些生前作恶的人将入一个叫 Mitnal 的低层地方——那里是玛雅人的地狱。那里的恶魔用饥饿、寒冷、疲倦、悲伤来折磨人们。死神——Hunhau 被看作是恶魔王子，统治着最底层的地狱。玛雅人相信，无论是地狱还是天堂都不会消失，因为精神本身不会消亡，而且会永远存在下去。

知识点

玛雅人

玛雅人是居住在墨西哥南部、危地马拉南部以及伯利兹北部这一片几乎相连在一起土地上的中美洲印第安人。21 世纪初约有 70 种玛雅语言，有超过 500 万人在使用，其中大部分能讲双语（母语和西班牙语）。在西班牙征服墨西哥和中美洲之前，玛雅人曾拥有过西半球最伟大的文明之一。他们从事农耕、兴建巨大的石头建筑和金字塔神殿、冶炼金和铜，并使用一种现今已大部分能够解读的象形文字。

早在公元前 1500 年，玛雅人便在村落定居，并发展了以玉米、豆类和南瓜的栽培为基础的原始农业；到了公元前 600 年也种植木薯。他们开始兴建宗教仪式中心，到了公元 200 年，这些中心都发展为有神殿、金字塔、宫殿、打球的场地和广场的城市。古代玛雅人大量地开采建筑用石材（通常是石灰岩），并使用燧石之类更坚硬的石器来切割这些石材。他们主要实施刀耕火种农业，但他们也用过进步的灌溉和梯田耕作技术。他们还发展了一套象形文字系统和非常精密的历法及天文体系。玛雅人使用野生无花果树树皮内层造纸，并将他们的象形文字书写于这种纸做的书籍上。他们也发展出繁复而优美的雕刻和浮雕传统。建筑工程、石头碑铭和浮雕都是目前可用来了解古玛雅人的主要知识来源。早期的玛雅文化受到更早期的奥尔梅克文化的影响。

　　古代玛雅人实行分权治理，酋长管辖几个中心，农村居民组成公社，保存氏族制度（见原始公社制）的许多残余。行自然崇拜，尤其崇拜"太阳神"和"雨神"，以守护神"伊察姆纳"为最高神灵。从事刀耕火种农业，种植玉米（主食）、菜豆、南瓜和块根植物，养火鸡和狗。

　　公元初创造象形文字和历法，发明了20进位法。在医学、天文学方面有较大成就。制陶、雕塑、绘画造诣很深。采用拱形建筑术（梯形金字塔、宫殿、拱门等）。古代文明中心有蒂卡尔（在危地马拉佩腾省）、帕伦克（在墨西哥的恰帕斯）和科潘（在洪都拉斯）。

延伸阅读

玛雅人现状

　　现在的玛雅人大多数生活在墨西哥的尤卡坦州、坎佩切、金塔纳罗奥州、塔巴斯科和恰帕斯，中美洲国家伯利兹，危地马拉，洪都拉斯的西部和萨尔瓦多。

　　主要从事农业，种植玉米、蚕豆、南瓜、可可、甘薯、辣椒、烟草、棉花。

　　土地公有，分配给每个家庭使用，每三年重新分配一次土地。公元后，出现了自由人和奴隶的划分，统治者称为"大人"，职位世袭，掌握军政大权。

　　现代玛雅人基本上务农，种植玉米、豆类和南瓜。他们聚居于一中心村周围的各个社区中。中心村有公共建筑和住屋，在多数情况下这些房屋大部分空着，有时也长期住人。社区居民除节日和集市外，都住在各自的农舍中。他们的（尤其是妇女的）服饰，大体上仍为传统形式；男性则较可能穿着现代的成衣。一度很普遍的家庭纺织业日趋式微，衣服大多是用工厂织的布料缝制。他们使用锄头耕地，遇到硬土时则改用铲子。犹加敦人通常饲养猪和鸡，偶尔也养牛以为农耕之用。工业极少，手工艺品通常只供家庭之需。部分经济作物或当地特产经常销售到外地以换取现金购买本地没有的物品。

知识是人类观察宇宙的窗口

知识是人类掌握的最强大的武器，知识提高了人类的理解能力。丰富的知识使人类不断地发明出新的仪器，从而一次又一次地扩大了人类的视野。

大家最熟悉的例子，是在 1609 年望远镜发明以后，新的知识紧跟着像潮水一般的大量涌现。就实质来说，望远镜只不过是放大了的人眼。人眼的瞳孔只有六七毫米大小，而帕洛马山上的那具 200 英寸（500 厘米）望远镜，聚光面积则不下于 31000 平方英寸（200000 平方厘米）。同肉眼所看到的恒星亮度比较起来，它的聚光能力使恒星的亮度增大一百万倍左右。这架望远镜在 1948 年首次投入使用，至今仍是使用中的最大望远镜。在 20 世纪 50 年代，图雷研制成一种电子显像

望远镜

管，利用电子技术把望远镜收集到的微弱光线加以放大，可以把强度增大到三倍。然而，受益递减律是起作用的。制造更大的望远镜是毫无益处的，因为目前限制看清细节的能力的因素是地球大气的温差扰动和大气对星光的吸收。如果要建造更大的望远镜，就应该把它安装在没有空气的天文台上使用，那也许就要安装在月球上了。

望远镜对于人类的贡献还不止是它的放大和增强光线的能力。牛顿在 1666 年使望远镜朝着不只是一个光线收集器的方向迈出了第一步。他发现，

光线可以被分解成彩色"光谱"。他让一束太阳光通过一块玻璃制成的三棱镜，结果发现，光束展开成一条带，包含有红、橙、黄、绿、蓝、靛、紫七种色光，每一种颜色向下一种颜色逐渐过渡。

牛顿的实验证明，阳光，或者说"白光"，是由许多特定辐射所组成的混合物。这些辐射对我们的眼睛起作用，我们就看到千差万别的颜色。一块棱镜之所以能把各种颜色分开，是因为光线从空气射入玻璃和从玻璃射出空气时受到了偏折，或者说发生了"折射"，而且不同的波长会受到不同程度的折射：波长越短，偏折越大。短波长的紫光受到的折射最大，长波长的红光受到的折射最小。

此外，这个实验还解释了早期望远镜为什么会有一个重大的缺陷。那时，通过望远镜观看物体时，在物体周围会看到一圈圈模糊的色环，这是由于通过透镜的光线发生色散，形成了光谱的缘故。

牛顿认为，只要是利用透镜，上述缺陷就没有希望得到消除。因此，他设计并制造出一种"反射式望远镜"。在这种望远镜中，他采用抛物面反射镜代替透镜来放大影像。这时，一切波长的光线都受到同样的反射，因而在反射时不会形成光谱，也就没有色环出现了。

1757年，英国光学家多伦德利用两种不同的玻璃制成一种透镜系统，其中一种玻璃制成的透镜产生光谱的倾向被另一种玻璃制成的透镜所抵消。用这种方法可以制成"消色差"透镜。由于采用了这种透镜，"折射式望远镜"才再次获得普遍应用。最大的折射式望远镜采用的是一块40英寸（约102厘米）的透镜，它于1897年在美国威斯康星州威廉斯贝附近的叶凯士天文台建成。以后，再没有更大的折射式望远镜建成，而且多年也没有人打算再建了，因为更大的透镜会吸收掉太多的光线，从而抵消这种望远镜的放大率较高的优点。因此，今天的

牛　顿

巨型望远镜全都是反射式的，因为反射镜的表面所吸收的光线很少。

1814 年，德国天文学家夫琅和费比牛顿更前进了一步，他让一束太阳光先通过一条狭缝，然后再由棱镜折射。这样得到的光谱实际上是由各种可能的波长的光所形成的一系列狭缝的像。狭缝的像多不胜数，它们汇集成了光谱。夫琅和费的棱镜做得非常好，所产生的狭缝像轮廓极其分明，因而有可能看出缺少了哪些狭缝像。如果在太阳光中缺少某些特定波长的光波，在太阳光谱中相应波长的位置上就不会形成狭缝像，也就是说，太阳光谱中就会夹杂着一些暗线。

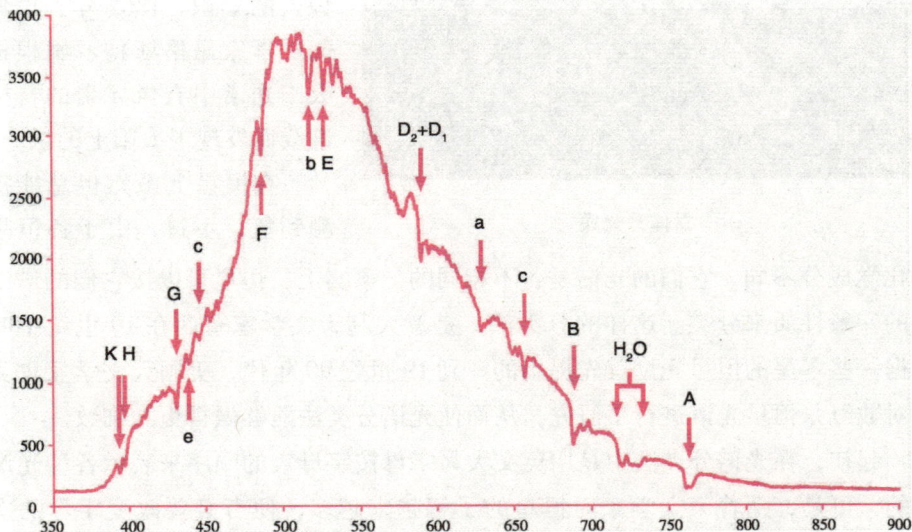

贝克勒耳

夫琅和费把他所探测到的那些暗线的位置一一标出，总共记录到七百多条暗线。以后，这些暗线就被叫作"夫琅和费线"。1842 年，法国物理学家贝克勒耳首次拍摄到了太阳光谱中的这些夫琅和费线。这样的照片对于光谱研究极有益处。采用现代仪器，已在太阳光谱中发现了三万多条暗线，并测定了它们的波长。

在 19 世纪 50 年代，不少科学家曾不太认真地想到过，夫琅和费线大概代表了太阳上的各种元素。光谱的暗线表示某些元素对于相应波长光线的吸收；而亮线则表示各种元素的光的特征发射。1859 年前后，德国化学家本生和克希霍夫设计出利用这种方法去认证各种元素的一套实验程序。他们把各种物质

加热到白炽状态，再将它们所发出的光展开成光谱，然后根据背景上的标度去测定各条谱线的位置，并且把每一条谱线都同一种特定的元素匹配起来。他们的"分光镜"很快就被用以发现新元素，这是靠那些无法认证属于已知元素的新谱线来识别的。本生和克希霍夫用这个方法在短短两年内就发现了元素铯和铷。

立体分光镜

分光镜也被用来研究太阳光和星光，不久，在化学上和其他方面就获得了多得惊人的知识。1862年，瑞典天文学家昂格斯特罗姆根据太阳光谱中有氢元素的特征谱线而发现了太阳上的氢。

在恒星上虽然也总能探测到氢，不过，由于各恒星的化学成分不同，它们的光谱是各不相同的。事实上，恒星可以按它们的谱线图的一般性质来分类。这样的分类法，是意大利天文学家塞西在19世纪中叶根据一些零星的恒星光谱首先提出的。到19世纪90年代，美国天文学家皮克林对数万张恒星光谱进行了研究，从而使光谱分类法能够做得更加细致。

起初，在光谱分类法中是用英文大写字母按字母表的顺序来表示各种光谱型的，可是，随着天文学家对恒星的了解越来越多，便有必要改变字母的次序，以便使光谱型的排列能适应某种逻辑顺序。如果把光谱型的字母按照恒星温度递减的次序排列，得到的顺序是 O，B，A，F，G，K，M，R，N，S。每一个光谱型又进一步细分为十个次型，用数码1到10表示。太阳是一颗温度适中的恒星，光谱型是 G－0，半人马座 α 星是 G－2 型；再热一些的南河三是 F－5 型；而相当热的天狼星是 A－0 型。

用分光镜可以在地球上找到新元素，同样也可以在天体上找到新元素。1868年，法国天文学家让桑在印度对一次日全食进行观测，他描述说，他看见了一条新谱线，那是任何已知的元素都产生不了的一条谱线。英国天文学家洛克耶确信那条谱线的确代表一种新元素，并把它取名为"氦"。此后不到三十年，在地球上也找到了氦。

分光镜后来终于成了一种重要的观测工具，可以用来测定恒星的视向速度，也可以用来研究恒星的磁场、温度等许多别的性质，以及判断一颗星到底是单星还是双星，等等。

此外，光谱线还是有关原子结构知识的一部名副其实的百科全书；不过，在19世纪90年代首次发现原子内部的亚原子粒子之前，光谱线并未得到有效的利用。例如，德国物理学家巴耳末在1885年就已指出，氢所产生的整组谱线具有有规则的间隔，它们遵从一个相当简单的公式，大约三十年后，这个发现才被用来推导出重要的氢原子结构图像。

洛克耶指出，各种元素所产生的光谱线在高温时会发生改变。这表明，原子内部发生了某些变化。这一现象也是比较晚才受到重视的，因为人们后来发现，原子是由更小的粒子组成的，在高温下原子内部的一些粒子被逐出，从而改变了原子的结构和原子所产生的谱线的性质。

1830年，法国画家达格勒制成了第一架"达格勒写生机"，这样就引入了照相术。照相术也很快就成为天文学上一种可贵的研究工具。在19世纪40年代，许多美国天文学家对月亮进行过摄影，而且美国天文学家邦德所拍摄的一张月亮照片还在1851年的伦敦博览会上引起过轰动。他们也拍摄过太阳的照片。1860年，塞西第一次拍得了日全食的照片。到1870年，人们根据好几次日全食的照片，证明了日冕和日珥是太阳的一部分，而不是属于月亮的。

这期间，在19世纪50年代初，天文学家们也拍摄了遥远的恒星的照片。到1887年，苏格兰天文学家吉尔着手制订出恒星照相术的一套方法。这样，在观测宇宙方面，照相术很快就成了比人眼更加重要的方法。

同望远镜结合起来使用的照相技术不断得到改进。早先，望远镜的视场很小曾经是一个重大

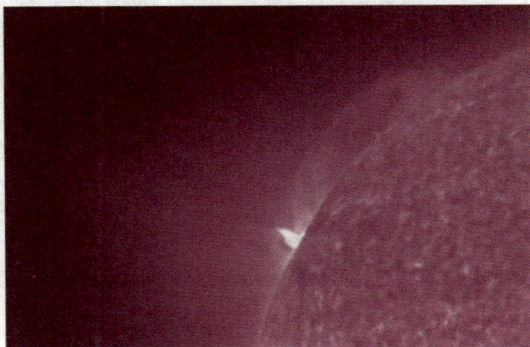

日　冕

的障碍。如果扩大视场，边缘就会出现畸变。1930年，俄国出生的德国光学家施米特想出一种方法，加入一种改正透镜以防止这样的畸变。采用这种透镜以后，可以一次拍摄到相当宽广的天空，找出一些有重要意义的天体，然后再用普通望远镜对它们进行认真的研究。由于施米特望远镜几乎总是用于拍摄工

作，它们就被人们叫作"施米特照相机"。

目前在使用的最大的一架施米特照相机，口径是 135 厘米，它是 1960 年在东德的陶坦贝尔格首次投入使用的。其次的一架口径是 122 厘米，正在帕洛马山和 200 英寸（500 厘米）望远镜配合着使用。

1800 年前后，赫歇耳做了一个非常简单但却十分有意义的实验。他让一束太阳光通过棱镜，然后在光谱的红端以外放置一个温度计。这时，水银柱竟上升了！十分明显，在波长比可见光谱还要长的地方还有某种不可见的辐射。赫歇耳所发现的这种辐射就是所谓"红外辐射"，也就是红端以外的辐射。现在我们知道，太阳的辐射有 60% 是红外辐射。

大约就在这一时期，德国物理学家里特对光谱的另一端进行了探索。他发现，如果把对蓝光或紫光曝光后能分解出金属银而变黑的硝酸银，放在光谱以外紫光已经消失不见的地方，它甚至会分解得更快。这样，里特就发现了现在称之为"紫外辐射"的"光"。由于赫歇耳和里特的工作，光谱的范围扩展了，展现出辐射的两个崭新的领域。

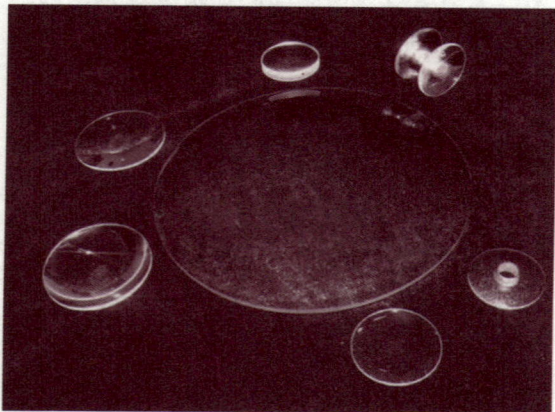

这两个新的辐射领域使人们能得到大量的知识。太阳光谱的紫外部分虽然是人眼所看不见的，但却能用照相方法相当细致地揭示出来。事实上，采用石英棱镜就可以记录下十分复杂的紫外光谱。这是 1852 年英国物理学家斯托克斯首先加以演示的。遗憾的是，大气层只能透过"近紫外光"，即波长和紫光波长差不太多的部分。"远紫外光"由于波长特别短，已被高层大气吸收掉了。

石英棱镜

1860 年，苏格兰物理学家麦克斯韦提出一种理论，他预言存在着同电磁现像相联系的一大类辐射，普通光只不过是这类辐射的一小部分。大约 25 年以后，即在麦克斯韦因患癌症而过早去世后的第七年，他的预言才第一次获得了确实的证据。1887 年，德国物理学家赫兹借助感应线圈的火花放电所产生的振荡电流，产生和探测到了波长极长的辐射。这些辐射的波长比通常的红外光还要长得多，后来它们被叫作"无线电波"或"射电波"。

可见光的波长可以用微米来量度，它们的范围从 0.39 微米（深紫）到 0.78 微米（深红）。以后就进入"近红外"（0.78～3 微米）、"中红外"（3～30 微米），然后是"远红外"（30～1000 微米）。接着是射电波，所谓"微米波"的波长从 1000 到 160000 微米，长射电波的波长则一直长达好几十亿微米。

电磁辐射的特性不仅可以用波长来表示，还可以用"频率"来表示。"频率"就是每秒钟内所产生的辐射波的数目。在可见光和红外光的场合，由于频率的数值太大，通常不采用频率来表征辐射。可是，对于射电波，频率的数值不大，因而就广泛地使用着。每秒 1000 个波是一"千周"，每秒 10^6 个波是一"兆周"。微米波的频率范围从 300000 兆周到 1000 兆周。普通无线电台所使用的射电波，波长非常长，频率低到千周的范围。

麦克斯韦

在赫兹发现射电波以后的十年内，光谱的另一端也同样扩展了。1895 年，德国物理学家伦琴偶然地发现了一种神秘的辐射，他当时把它叫作 X 射线。后来查明，X 射线的波长比紫外光还要短。不久，卢瑟福又证明，那种同放射性联系着的 γ 射线，波长甚至比 X 射线还要短。

光谱的短波部分目前大致是这样划分的：波长从 0.39 到 0.17 微米属于"近紫外"，从 0.17 到 0.01 微米属于"远紫外"，从 0.01 到 0.00001 微米属于 X 射线，此后直到十亿分之一微米以下都属于 γ 射线。

这样一来，牛顿最初的光谱便得到了极大的扩展。如果把波长每增加一倍看做是相当于一个八音程的话，那么，已研究过的全部电磁波谱的范围就差不多包含了 60 个八音程，可见光正好在这个光谱的中心附近占据了一个八音程的范围。

随着光谱的展宽，我们对恒星的认识自然也就更为全面了。例如，我们知道，阳光包含有大量的紫外辐射和红外辐射。我们的大气层吸收了这些辐射的大部分。不过，在1931年，完全由于偶然的机会，人们竟发现了探索宇宙的射电之窗。

当时，在美国贝尔电话实验室工作的一位年轻的无线电工程师詹斯基正在研究无线电接收中总是会出现的天电干扰。他在偶然间发现了一种十分微弱而又十分稳定的噪声，这绝不可能是来自任何通常的噪声源。他最后断定，这种天电干扰是由来自外层空间的射电波引起的。

起初，来自空间的这种射电信号似乎在太阳方向上最强。可是，接收到最强信号的方向却一天天慢慢离开太阳，在天空转了一圈。到1933年，詹斯基终于断定，这种射电波来自银河，尤其是来自人马座的方向，也就是直对着银河系中心的方向。

于是，"射电天文学"诞生了。可是，由于它存在着一些严重的缺点，它并未立即受到天文学家们的欢迎。射电天文学所提供的并不是精致的图像，而只是在天图上给出一些蝌蚪形的、不易阐明的东西。更重要的是，射电波的波长太长，无法分辨出像恒星那样小的射电源。来自空间的射电信号的波长比光波长几十万到几百万倍，因此，通常的接收机只能判断出射电信号大致来自什么方向，此外就什么也不能提供了。

这些困难减低了新发现的重要性。可是，有一位名叫雷伯的无线电爱好者出于好奇心，坚持进行了研究。在1937年整整一年里，他花费了许多时间和金钱，在他的后院里建造了一架小型的"射电望远镜"。望远镜使用了一个直径达到9米的抛物面"圆盘"，可以接收和集中射电波。1938年初，除了人马座以外，他又发现了好些射电波的源，例如，一个在天鹅座里，另一个在仙后座里。

第二次世界大战期间，英国科学家在发展雷达时发现，在微波段，来自太阳的信号对雷达有干扰。这一发现唤起了他们对射电天文学的兴趣；战后，他们就着手对太阳射电的频段进行研究。1950年，他们发现，太阳的射电信号大多是同太阳黑子有关的。

英国人带头开始建造大型的射电天线和由彼此远离的接收机组成的阵列，以便提高接收射电波的灵敏度和更准确地测定射电星的方位。他们架设在英格兰乔德雷尔班克的那架76米抛物面天线是第一架真正大型的射电望远镜。

1947年，澳大利亚天文学家博尔顿准确地测定出天空中第三个最强的射电源的方位，证明了它不是别的，恰好是蟹状星云。在天空各处已探测到的2000 个左右的射电源当中，第一个被查明实际上正是某个看得见的天体的，就是蟹状星云。蟹状星云的辐射多半不会是由其中的白矮星产生的，因为别的白矮星都不产生射电辐射。射电源可能是蟹状星云里正在膨胀着的气体云。

有别的证据表明，宇宙射电信号主要是来自湍动的气体，蟹状星云的事例也支持了这种看法。太阳的射电波是由太阳外层大气里的湍动气体产生的，所以，所谓"射电太阳"要比目视的太阳大得多。木星、土星和金星各有一层湍动的大气，它们也都已被证实是射电发射源。对于木星，1955 年首次探测到的射电辐射似乎同木星上的一个特定的区域有某种联系。这个区域的运动相当有规律，因而可以用来测定木星的自转周期，误差不到百分之一秒。这个区域是否就是木星的固体表面的一部分？如果是这样的话，那么，为什么它会发出射电波？1964 年，有人报道说，木星的自转周期突然发生了变化，虽然这种变化的确是很微小的。那么，这又是为什么？1965 年又有人查明，当木星的卫星木卫一在上弦和下弦时，木星就多半要发射出一次强烈的射电波。这又是为什么？到目前为止，射电研究所提出的关于行星的问题，比这些研究所解答的问题还要多。可是，正是那些提得好的、尚未解决的问题，才最能够促使科学和科学家们向前迈进。

开创射电天文学的詹斯基，在世时颇受冷遇，而他在 1950 年 44 岁死去时，恰值射电天文学走上正轨。为了纪念他的功绩，现在就用"詹斯基"这个单位来量度射电发射的强度。

射电天文学把对空间的探测推向更远的地方。在我们银河系里有一个强射电源叫作"仙后"，因为它位于仙后座中。英国天文学家曾用射电望远镜测定这个射电源的方位。美国帕洛马山的巴德和明柯夫斯基把 200 英寸望远镜对准这个射电源所在的地点，他们发现了一些湍动气体的条纹。很有可能，这些湍动气体的条纹就是开普勒曾在仙后座里观察到的那颗新星的遗迹。

再远一些的射电源，是在 1951 年发现的。这个第二强的射电源位于天鹅座中。1944 年，雷伯就曾对它做过描述。后来，由于射电望远镜把它的位置测定得更加精确，人们才发现，这个射电源是在我们银河系的外面。这是银河系以外第一个确定了位置的射电源。以后，在 1951 年，巴德用 200 英寸望远镜对这个射电源所在的那块天区仔细研究，他在视场的中心发现了一个奇特的星系。这个星系有两个中心，就像是被扭变形了似的。巴德立即猜想到，这个

奇特的、变形了的双心星系实际上并不是一个星系，而是宽面互相连在一起的两个星系，就好像是一对铙钹合击在一起那样。巴德认为，这是两个在碰撞的星系；关于星系碰撞的可能性，他过去曾和别的天文学家讨论过。

当两个星系发生碰撞时，它们的恒星本身并不彼此发生碰撞。恒星之间的间隔是很大的，当一个星系穿过另一个星系时，它们两者的恒星甚至不会靠得很近。可是，星系中的尘埃和气体云却被搅动而激起巨大的湍动，因而产生出强大的射电辐射来。天鹅座里的碰撞星系离我们有 2.6 亿光年，但从它们来到我们这里的射电信号，却比只离我们 3500 光年的蟹状星云的信号还要强。依靠这一特点，在用光学望远镜看不到的非常遥远的距离上，我们也应该有可能探测到碰撞星系。例如，乔德雷尔班克的 76 米射电望远镜，探测距离就应比 200 英寸望远镜还要远。

但是，当在遥远的星系中间发现的射电源数目越来越多，甚至突破一百大关时，天文学家们又渐渐感到为难了，因为它们绝不可能都是由碰撞星系所引起的——那样解释就会太过分了。

事实上，关于天空中星系碰撞的概念整个都发生了动摇。苏联的天体物理学家安巴楚勉扬在 1955 年根据理论上的理由推测，射电星系大概是一些正在爆发的星系，而不是互相碰撞的星系。到 20 世纪 60 年代初，霍依耳也赞同这一看法，他提出，在射电星系里大概正发生着一连串的超新星爆发。在一个星系核的拥挤的中心部分，一颗超新星的爆发会将它附近的一颗恒星加热，使后者又变成为一颗爆发的超新星。这第二次爆发会引起第三次超新星爆发，第三次又引起第四次等等，就像被推倒的多米诺骨牌一样。在某种意义上可以说，这个星系的整个中心部分正在爆炸。

1963 年，人们发现大熊星座里的 M－82 星系是这样一个"爆发星系"，这就大大增加了上述推测的可能性。

用 200 英寸望远镜以某一特定波长的光线对 M－82 所做的研究表明，有大量的物质喷流一直喷射到

多米诺骨牌

离星系中心远达一千光年的地方。根据向外爆发着的物质的数量、这些物质已移动的距离以及它们运动的速率所作的计算表明，在 M－82 星系核里差不多同时发生爆发的大约五百万颗恒星的光线，大概在一百五十万年以前就已经第一次到达了地球。

知识点

蟹状星云

蟹状星云位于金牛座 ζ 星东北面，距地球约 6500 光年。它是个超新星残骸，源于一次超新星（天关客星，SN 1054）爆炸。气体总质量约为太阳的 $\frac{1}{10}$，直径 6 光年，现正以每秒 1000 千米的速度膨胀。星云中心有一颗直径约 10 千米的脉冲星。这超新星爆发后剩下的中子星是在 1969 年被发现的。其自转周期为 33 毫秒（即每秒自转 30 次）。

延伸阅读

太空垃圾危害

自 20 世纪 50 年代人类开始进军宇宙以来，人类已经发射了 4000 多次航天运载火箭。据不完全统计，太空中现有直径大于 10 厘米的碎片 9000 多个，大于 1.2 厘米的有数十万个，而漆片和固体推进剂尘粒等微小颗粒可能数以百万计。

不要小看这些太空垃圾，由于飞行速度极快（6～7 千米/秒），它们都蕴藏着巨大的杀伤力，一块 10 克重的太空垃圾撞上卫星，相当于两辆小汽车以 100 千米的时速迎面相撞——卫星会在瞬间被打穿或击毁！试想，如果撞上的是载人宇宙飞船……而且人类对太空垃圾的飞行轨道无法控制，只能粗略地预测。这些垃圾就像高速公路上那些无证驾驶、随意乱开的汽车一样，你不知道它什么时候刹车，什么时候变线。它们是宇宙交通事故最大的潜在"肇事者"，对于宇航员和飞行器来说都是巨大的威胁。

目前地球周围的宇宙空间还算开阔，太空垃圾在太空中发生碰撞的概率很小，但一旦撞上，就是毁灭性的。更令航天专家头疼的是"雪崩效应"——每一次撞击并不能让碎片互相湮灭，而是产生更多碎片，而每一个新的碎片又是一个新的碰撞危险源。如果有一天，等地球周围被这些太空垃圾挤满的时候，人类探索宇宙的道路该何去何从呢？

宇宙中的新天体

当天文学家们跨进 20 世纪 60 年代的时候，他们也许会轻易地认为，天上再也不会有什么出人意料的物理天体了。新的理论、新的观点是可能出现的，然而，在采用日臻完善的仪器连续观测 3 个世纪以后，似乎可以肯定，不会剩下多少使人惊奇的新型恒星、星系或别的什么天体了。

蟹状星云

如果真的有哪位天文学家这样想的话，他就一定会被新的发现惊得目瞪口呆，其中第一次令人吃惊的发现是通过研究某些从表面上看来平平常常的射电源而得到的。

当对空间深处的射电源开始进行研究时，它们的存在似乎总是同一些展延度很大，并且含有湍动气体的天体相联系着，如蟹状星云、远处的星系等等。然而，也还有少数射电源显得异乎寻常地小。随着射电望远镜质量的不断改进，对射电源方位的确定越来越精确，人们开始有可能判断出由一些单个恒星发射出来的射电波。

在这些致密的射电源当中，有几个是相当有名的，如 3C48，3C147，3C196，3C273 和 3C286。符号"3C"是"剑桥第三射电星表"的缩写，这个表是英国天文学家赖尔和他的同事们一起编制的；后面的数字表示那个射电源在这个星表中的顺序号。

1960 年，桑德奇用 200 英寸望远镜仔细搜索过那些包含有这种致密射电源的天区，每一次果然都找到了一颗看来就是那个射电源的恒星。这样找到的第一颗恒星，是同 3C48 相联系的。与射电源 3C273 相对应的那颗恒星，是这些恒星中最亮的一颗；它的精确位置是哈泽德在澳大利亚通过记录月亮从它前面经过时射电中断的时刻而得到的。

这些有关的恒星，在早先对天空进行搜索照相所得到的照片上早已被记录下来了，它们总是被当成我们银河系里的暗弱成员。但是，由于它们有不寻常的射电发射，人们对它们进行了更仔细的拍照，结果表明，早先的看法是不对的。其中有些天体已被证明伴随有微弱的星云状物质。不仅如此，3C273 还显示出一些迹象，表明从它那里流出一股细小的物质喷流。事实上，同 3C273 有关的射电源是两个：一个是恒星本身，另一个是那股喷流。经过仔细研究以后还发现了另一个很有意义的事实：这些恒星都包含有非常丰富的紫外光。

后来似乎弄清楚了，这些致密的射电源尽管看起来像是恒星，但毕竟不是通常的恒星。它们终于被称为"类星射电源"，后来又被简称为"类星体"。

显然，由于类星体意义重大，完全有必要动用全部天文技术对它们做尽可能详尽的研究，这指的主要是分光镜技术。桑德奇、格林斯坦和施米特这样一些天文学家，在经过艰苦的劳动以后，终于获得了类星体的光谱。他们在 1960 年完成这一任务时，发现了好些无法认证的陌生谱线。而且，有一个类星体光谱中的陌生谱线，是别的类星体光谱中都没有的。

1963 年，施米特再回过头去研究 3C273 的光谱。3C273 是这类奇特天体中最明亮的一个，它的光谱十分清晰。光谱中有 6 条谱线，其中 4 条谱线彼此间的间距看起来就像是一组氢线；不过，氢线本来不应该出现在现在这个位置上。

各种恒星

可是，难道不可能这些谱线的位置本来是在别处，只是由于它们向光谱的红端位移，才在它们现在所在的地方出现吗？如果是这样的话，那么，红移量就相当大，相应的退行速度应当达到每秒 40000 千米以上。这似乎有些令人难以置信。不过，如果承认这 4 条谱线有这样大的位移的话，另两条谱线也就能够得到印证：一条代表失去两个电子的氧，另一条代表失去两个电子的镁。

施米特和格林斯坦又去研究别的类星体的光谱，他们发现，只要假定有一个很大的红移量，它们的光谱线也都能加以认证。

这样大的红移是可以用宇宙的普遍膨胀来说明的。可是，如果按照哈勃定理把红移同距离联系起来，这就意味着，类星体并不是我们银河系里的一般恒星，它们应当是已知的最遥远的天体，距离应当在几十亿光年以外。

▶ 知识点 ▶▶▶▶▶

射电源

射电源是"宇宙射电源"的简称。能发射强无线电波的天体。发射无线电波的恒星称射电星。宇宙空间辐射无线电波的分立天体。大多数天体都可能是射电源，已发现的射电源有 3 万多个。射电源类型很多，按视角径大小可分为致密源和展源两类。

延伸阅读

周日运动

星星在天上每日旋转一圈，这一运动称为周日运动。把地球自转轴延伸到天球上的位置，就是天球的北极和南极。把地球的赤道伸延到天球上的位置，就是天球赤道了。

有一颗 2 等星非常接近天球北极，所以看来似乎永远静止不动，其他的星就好像绕着它旋转。我们称这颗星为北极星。因为北极星看来永远静止不动地停留在正北方不会下山，所以我们像居住在北半球的人那样可以利用北极星来辨别方向。可惜的是，天球南极附近没有光星，所以没有"南"极星为南半球居民引路。

北极星相对于地面的高度取决于观测者所在地的纬度，例如在北京，北极星会在正北，离地面40度；在北极，北极星会在头顶（天顶）；在赤道的地方，北极星刚好躺在水平线上；而在南半球，北极星是永远不会升出地平线的，所以在南半球是永远看不到北极星的。

同样道理，有些星永远不会东升。居住在北半球的人永远看不到接近南天极的星，而居住在南半球的人同样也看不到接近北天极的星。

宇宙真的有中心吗

太阳是太阳系的中心，太阳系中所有的行星都绕着太阳旋转。银河系也有中心，它周围所有的恒星也都绕着银河系的中心旋转。那么宇宙有中心吗？一个让所有的星系包围在中间的中心点？

看起来应该存在着这样的一个中心，但是实际上它并不存在。因为宇宙的膨胀一般不发生在三维空间内，而是发生在四维空间内的，它不仅包括普通三维空间（长度、宽度和高度），还包括第四维空间——时间。描述四维空间的膨胀是非常困难的，但是我们也许可以通过推断气球的膨胀来解释它。

我们可以假设宇宙是一个正

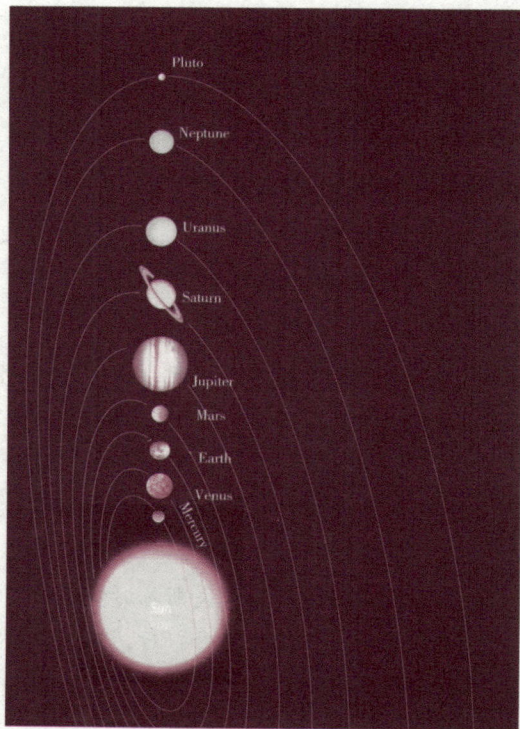

太阳系

在膨胀的气球，而星系是气球表面上的点，我们就住在这些点上。我们还可以假设星系不会离开气球的表面，只能沿着气球表面移动而不能进入气球内部或向外运动。在某种意义上可以说我们把自己描述为一个二维空间的人。

如果宇宙不断膨胀，也就是说气球的表面不断地向外膨胀，则表面上的每个点彼此离得越来越远。其中，某一点上的某个人将会看到其他所有的点都在退行，而且离得越远的点退行速度越快。

现在，假设我们要寻找气球表面上的点开始退行的地方，那么我们就会发现它已经不在气球表面上的二维空间内了。气球的膨胀实际上是从内部中心开始的，是在三维空间内发生的，而我们是在二维空间上，所以我们不可能探测到三维空间内的事物。

同样的，宇宙的膨胀不是在三维空间内开始的，而我们只能在宇宙的三维空间内运动。宇宙开始膨胀的地方是在过去的某个时间，即亿万年以前，虽然我们可以看到，可以获得有关的信息，而我们却无法回到那个时候。

所以，至今人们仍然不知道宇宙的中心在哪里。相信，随着科技的进步，人们会找到办法揭开这一谜团。

▶ 知识点 ▸▸▸▸▸

三维空间

三维空间也称为三次元、3D，日常生活中可指由长、宽、高三个维度所构成的空间。而且日常生活中使用的"三维空间"一词，常常是指三维的欧几里得空间。在历史上很长的一段时期中，三维空间被认为是我们生存的空间的数学模型。当时的物理学家认为空间是平坦的。20世纪以来，非欧几何的发现使得实际空间的性质有了其他的可能性。而相对论的诞生以及相应的数学描述：闵可夫斯基时空将时间和空间整体地作为四维的连续统一体进行看待。弦理论问世以后，用三维空间来描述现实中的宇宙已经不再足够，而需要用到更高维的数学模型，例如十维的空间。

延伸阅读

载人探测

　　载人的探测目前仍被限制在邻近地球的环境内。第一个进入太空（以超过100千米的高度来定义）的人是苏联的太空人尤里·加加林，于1961年4月12日搭乘东方一号升空。第一个在地球之外的天体上漫步的是尼尔·阿姆斯特朗，它是在1969年的太阳神11号任务中，于7月21日在月球上完成的。美国的航天飞机是唯一能够重复使用的太空船，并已完成许多次任务。在轨道上的第一个太空站是NASA的太空实验室，可以有多位乘员，在1973年至1974年间成功地同时乘载着三位太空人。第一个真正能让人类在太空中生活的是苏联的和平号空间站，从1989年至1999年在轨道上持续运作了将近十年。它在2001年退役，后继的国际空间站也从那时继续维系人类在太空中的生活。在2004年，太空船1号成为在私人的基金资助下第一个进入次轨道的太空船。同年，美国前总统乔治·布什宣布太空探测的远景规划：替换老旧的航天飞机、重返月球、甚至载人前往火星。

宇宙和谐与混沌之谜

　　古希腊的毕德哥拉斯学派提出一个原则："美是和谐与比例"。他们以此为指导，进行数学、天文学、声学和世界本原的研究。由于宇宙是和谐的，天体应是球形的，其运动应是圆周运动，以致于后来托勒密提出"地心说"。这样的宇宙才是和谐的。

　　16世纪，哥白尼基于天文观测提出了"日心说"。他认为，这种宇宙模型既符合天体运动的观测事实，又体现出一种"美妙的和谐"。后来，德国天文学家开普勒也从毕德哥拉斯的美学原则出发，把天体运动同音乐的音阶联系起来，找出三个极简单的关系来描述行星运动情况，使"日心说"更美妙。牛顿则从力学上对天体运动做了更深入的探讨，他提出万有引力定律，不仅对运

哥白尼

动的变化提出了更全面的解释，而且指导天文学家发现了海王星。这使得"日心说"完全定量化，并且表现出宇宙的秩序是如此和谐。

这种"先定的和谐"原则对现代天文学和宇宙学研究仍有很大意义。这更多表现在反映宇宙膨胀的"大爆炸宇宙"模型，它不但以哈勃关于星系红移的观测事实为基础，而且预言宇宙背景微波辐射与事实的惊人吻合，这都反映出希腊人关于"宇宙和谐"图景在大尺度宇宙空间上的再现。

爱因斯坦认为，这种"先定的和谐"可给人以美感和快感，这是探索自然的和谐与对称的"无穷的毅力和耐心的源泉"。

爱因斯坦

宇宙的运动有规律和和谐似乎已成为一种万古不变的信条。可是有人对此提出不同的看法，美国麻省理工学院的计算机科学家萨斯曼和天文学家威兹德姆认为，整个太阳系是无法预测的，只要过400万年，牛顿学说就完全错了。

这是为什么呢？在宇宙中存在一种现象，根据某种简单的法则预测，由于许多偶然的因素起作用，会导致非常复杂和无规则的现象，这就是混沌现象。

对于宇宙来说，混沌现象是否降低了自然法则的地位？混沌是宇宙的主宰吗？"先定的和谐"还存在吗？这些问题真是有些令人不知所措。

知识点

毕达哥拉斯学派

毕达哥拉斯学派亦称"南意大利学派"，是一个集政治、学术、宗教三位于一体的组织。由古希腊哲学家毕达哥拉斯创立。产生于公元前6世纪末，公元前5世纪被迫解散，其成员大多是数学家、天文学家、音乐家。它是西方美学史上最早探讨美的本质的学派。

延伸阅读

太阳系的发现和探测

数千年以来，直到17世纪的人类，除了少数几个人，都不相信太阳系的存在。地球不仅被认为是固定在宇宙的中心不动，并且绝对与在虚无飘渺的天空中穿越的对象或神祇是完全不同的。当哥白尼与前辈们，如印度的数学与天文学家阿耶波多和希腊哲学家亚里斯塔克斯，以太阳为中心重新安排宇宙的结构时，以地球为宇宙中心仍是最前瞻性的概念，经由伽利略、开普勒和牛顿等的带领下，才逐渐接受地球不仅会移动，还绕着太阳公转的事实；行星由和支配地球一样的物理定律支配着，有着和地球一样的物质与世俗现象：火山口、天气、地质、季节和极冠。

最靠近地球的五颗行星，水星、金星、火星、木星和土星，是天空中最明亮的五颗天体，在古希腊被称为行星，意思是漫游者，已经知道它们会在以恒星为背景的天球上移动，这就是这个名词的由来。

宇宙是无边无际的吗

　　宇宙到底有多大？古今中外有过许多说法，但争论的焦点集中在宇宙是有限的还是无限的这个问题上。

托勒密

　　大约在公元 140 年，古希腊著名天文学家托勒密在总结前人天文学说的基础上，提出了"地球中心说"，认为地球是宇宙的中心，太阳、月球、行星和恒星都围绕地球转动。在后来的 1000 多年中，托勒密的地球中心说一直在欧洲占统治地位。到 16 世纪，波兰天文学家哥白尼经过 40 多年的辛勤研究，于 1543 年提出了"日心说"，认为太阳是宇宙的中心，地球和其他行星都围绕太阳转动。他把宇宙的中心从地球换成了太阳，把人类居住的地球降低到了普通的行星地位，从而开始把自然科学从神学中解放出来，并且动摇了神权对于人类的统治。但是，由于受当时生产力水平和实践条件的限制，哥白尼和托勒密一样，都把宇宙局限在很小的范围内，错误地认为太阳系就是宇宙的全部，把宇宙看成是有限的，即有边界的。

　　同托勒密、哥白尼的宇宙有限论相反，中国古代的一些天文学家却认为宇宙是无限的。尸佼在《尸子》一书中说："四方上下曰宇，往古来今曰宙。"他把空间和时间联系起来思考，从而模糊地表示了宇宙在空间上和时间上无限的思想。《列子》一书的作者认为，大地仅仅是宇宙间一种很小的东西，而不是宇宙的中心，"四方上下"都是"无限无尽"的，而不是"有限有尽"的。唐代著名的哲学家柳宗元曾在《天对》中说过，宇宙"无中无旁"，即没有中心也没有边界。

　　1584 年，意大利哲学家布鲁诺在伦敦出版了《论无限宇宙和世界》一书，十分明确地提出了宇宙无限的理论。他指出："宇宙是无限大的，其中的各个世界是无数的。"他认为，在任何一个方向上，都展开着无穷无尽的空间，任何一种形状的天空都是不存在的，任何的宇宙中心都是不存在的，所有的恒星都是巨大的球体，就像太阳一样。他把太阳从宇宙的中心天体降为一个普通的恒星。

美丽的银河系

随着天文学的发展，人们通过望远镜观测发现，太阳系的直径约为120亿千米，地球同整个太阳系比较不过是沧海之一粟；银河系拥有1500亿颗恒星和大量星云，直径约10万光年，厚约1万光年，太阳系同它比较也不过是沧海之一粟；总星系已经被发现的星系有10亿个以上，距离我们有几十亿光年到100多亿光年，银河系同其相比较也好比是沧海中的一颗沙粒。目前，大型天文望远镜已能观测到100多亿光年以外的天体了，但是还远没有发现宇宙的边沿，因此，多数天文学家认为宇宙是无限的，是没有边界和没有中心的。同时，也有部分人认为，宇宙是有限的。理由是宇宙起源于大爆炸，大爆炸至今的时间是有限的，宇宙膨胀的速度是一定的，宇宙的大小也一定是有限的。还有一部分人认为，人类对宇宙的认识仅仅是初步的，对太空的观测能力还十分有限，给宇宙的大小下结论还为时过早。总之，目前人们对宇宙大小的种种说法，多数是一种猜测，还没有完全被天文实践所证明，宇宙到底有多大，是有限的还是无限的，的确至今还是一个谜。

知识点

布鲁诺

乔尔丹诺·布鲁诺（GiordanoBruno，1548～1600），意大利思想家、自然科学家、哲学家和文学家。他勇敢地捍卫和发展了哥白尼的太阳中心说，并把它传遍欧洲，被世人誉为是反教会、反经院哲学的无畏战士，是捍卫真理的殉道者。由于批判经院哲学和神学，反对地心说，宣传日心说和宇宙观、宗教哲学，1592年被捕入狱，最后被宗教裁判所判为"异端"烧死在罗马鲜花广场。主要著作有《论无限宇宙和世界》、《诺亚方舟》。

延伸阅读

关于宇宙的哲学分析

有些宇宙学家认为，我们的宇宙是唯一的宇宙；大爆炸不是在宇宙空间的哪一点爆炸，而是整个宇宙自身的爆炸。但是，新提出的暴涨模型表明，我们的宇宙仅是整个暴涨区域的非常小的一部分，暴涨后的区域尺度要大于原始的宇宙。还有可能这个暴涨区域是一个更大的始于无规则混沌状态的物质体系的一部分。这种情况恰如科学史上人类的认识从太阳系宇宙扩展到星系宇宙，再扩展到大尺度宇宙那样，今天的科学又正在努力把人类的认识进一步向某种探索中的"暴涨宇宙"、"无规则的混沌宇宙"推移。我们的宇宙不是唯一的宇宙，而是某种更大的物质体系的一部分，大爆炸不是整个宇宙自身的爆炸，而是那个更大物质体系的一部分的爆炸。因此，有必要区分哲学和自然科学两个不同层次的宇宙概念。哲学宇宙概念所反映的是无限多样、永恒发展的物质世界；自然科学宇宙概念所涉及的则是人类在一定时代观测所及的最大天体系统。两种宇宙概念之间的关系是一般和个别的关系。

宇宙中漂浮的"岛屿"

在宇宙大爆炸之后的膨胀过程中，分布不均匀的物质收缩成一个个的"岛屿"，这些"宇宙岛"就是星系，人们形象地称它们为"宇宙岛"或"岛宇宙"。

提起宇宙岛，可追溯到意大利思想家布鲁诺的关于宇宙中恒星世界的构想理论。1755年，德国哲学家康德认为宇宙中有无限多的世界和星系，这就是宇宙岛假说的起源。天文学家们通过观测，看到许多雾状的云团便猜测可能是由很多恒星构成的，只是离得太远人们无法一一分辨出而已。

经过英国天文学家赫歇尔的努力，他发现许多星云可分解成恒星群，后又发现一些星云是无法分解的，进而得出星云并非宇宙岛的观点。因为赫歇尔的名望很大，所以他的见解影响了很多人。

宇宙岛

到了19世纪，人们借助更大的望远镜进行更详细的观测，特别是分光术的应用，对星云有了新的认识。只是囿于赫歇尔的影响，对宇宙岛与星云的关系仍然缺乏正确的认识。

进入20世纪，在美国引起了关于宇宙岛的争论。天文学家柯蒂斯认为宇宙岛是河外星系，否则它们就是银河系的成员。另一位天文学家沙普利测量出了银河系的尺度，提出与柯蒂斯不同的观点。在20年代，他们展开了激烈的争论。后来，哈勃进行了更精确的测量，证明了河外星系的存在，即河外宇宙岛是确实存在的。这样，关于宇宙岛的争论才宣告结束。

现在能观测到的河外星系已达上万个，最远的河外星系距银河系达70亿

ZHUMENG YUZHOU YU XINGKONG

光年。因此，科学家估计河外星系数目大得惊人，若画一个直径 20 亿光年的圆球，其中就有约 30 亿个星系。

和银河系很相似的宇宙岛

人们关于宇宙岛是从何处漂移过来的，仍在进行着激烈的争论。关于星系起源的理论也有很多，有代表性的是引力不稳定性假说和宇宙湍流假说。前者认为，在 30 亿年期间，星系团物质由于引力的不稳定而形成了原星系，并进一步形成星系或恒星；后者认为，宇宙膨胀时形成漩涡，它可以阻止膨胀，并在漩涡处形成原星系。二者都认为星系形成在 100 亿年前。但是二者的理论都不是很成熟，还存在很多的疑问。此外，还有一些关于星系起源的理论，也有较大的影响。

知识点

赫歇尔家族

赫歇尔家族是天文学史上重要的家族，最著名的有威廉·赫歇尔（1738～1822），还有他的妹妹卡罗琳·赫歇尔（1750～1848）、他的儿子约翰·赫歇尔（1792～1871），他们都为天文学做出了重要的贡献，尤其杰出的是威廉·赫歇尔。为纪念英国天文学家威廉·赫歇尔，欧航局以他的名字命名了一颗探测卫星，并于 2009 年 5 月 14 日用火箭发射上太空，这颗卫星实质上是一台大型远红外线太空望远镜，宽4米，高7.5米，是迄今为止人类发射的最大远红外线望远镜。

延伸阅读

关于银河系的文化传说

"飞流直下三千尺，疑似银河落九天。"中国古代文化视银河为天河，把注意力扩大到河东和河西的牛郎织女两个星座，想象编造出牛郎织女的爱情故事。那么美好的爱情，中间偏偏出现个王母娘娘从中作梗，它们没有力量反抗，只好通过鹊桥相会和"乞巧"的方式，获得精神上的寄托和安慰，东方文化就这样委婉含蓄。

唐朝顾况的《宫词》中便有一句"水晶帘卷近秋河"，这里的"秋河"说的就是银河。再如李商隐的《嫦娥》中有"长河渐落晓星沉"。

宇宙新星的出现

无论宇宙是演化的或是稳恒态的，这对于单个的星系和星系团都没有直接的影响。即使全部远距离的星系都退行到最好的可用仪器观测的范围之外，我们的银河系也仍将保持原样，它的各个成员星仍会牢固地保持在银河系的引力场之内。本星系团里的别的星系也不会离开我们而去。但是，这绝不是说，我们的银河系里就不会有变化，恰恰相反，不仅可能发生变化，而且所发生的变化对于我们地球以及地球上的生命还可能是具有毁灭性的。

关于天体上发生着变化的整个概念是在现代才形成的。古希腊的哲学家，尤其是亚里士多德，他们相信天是完美无缺、永不改变的。一切改变、腐化和衰退只发生在最低的一层天——月亮以下的不完善的区域内。这似乎只不过是一种常识，因为一代一代过去了，一个世纪一个世纪过去了，天上并没有任何重大的变化。的确，偶而也有些神秘的彗星在某处突然出现。它们来去无踪，

模样邪恶，拖曳着朦胧的长尾，魔鬼般地用轻纱遮蔽住闪闪的明星。凭肉眼，每世纪大约可以看到 25 个这种神秘的天体。

变　星

亚里士多德曾经拼命想把这些幽灵般的天象同天的完美性调和起来，他固执地认为，彗星是在腐化和改变着的地球大气层里出现的。这种观点一直流行到 16 世纪中叶。可是，1577 年，在望远镜发明以前，丹麦天文学家第谷试图测定一颗明亮彗星的视差时，却发现这是办不到的。既然月亮的视差都可以测到，他便只好推测彗星是在月亮之外，并且天上也有着变化和缺陷。

其实，在早得多的时候，人们连恒星上的变化也已注意到了。不过，这类变化显然并未引起人们太大的好奇心。例如，有的变星的亮度夜夜都在显著变化着，甚至连肉眼也能察觉到。可是，竟没有一位希腊天文学家提到过任何一颗恒星的亮度变化。这或许是有关的记录已经散失了，然而也可能是希腊天文学家简直就不愿正视这类现象。大陵五是一个有趣而又很恰当的例子。大陵五是英仙座里的第二亮星，它的亮度会突然一下减弱 $\frac{2}{3}$，然后又恢复到原先的亮度，就这样每 69 小时一次地做有规律的变化。不但希腊天文学家未提到过大陵五的亮度减弱现象，就连中世纪的阿拉伯天文学家也没有描写过这一现象。

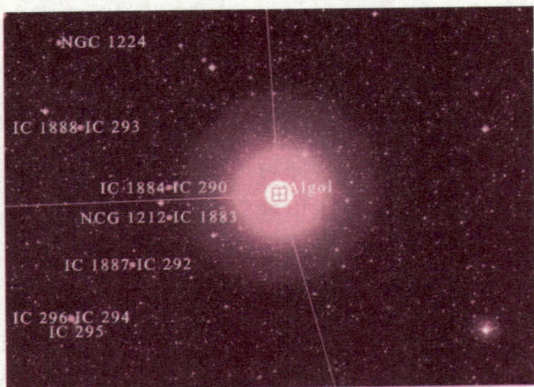

NGC 1224

IC 1888·IC 293

IC 1884·IC 290
NCG 1212·IC 1883

IC 1887·IC 292

IC 296·IC 294
IC 295

Algol

大陵五

鲸鱼座里有一颗恒星这是一颗变化不规则的变星。有时候它像极星那么亮，有时候又消失不见。关于它，希腊人和阿拉伯人竟未留下只言片语，一直到了 1596 年，才由荷兰天文学家法布里修斯做了首次描述。这颗星后来命名为刍藁变星，自那时起，天文学家们渐渐不再害怕天象的变化了。

当天空中突然出现"新星"的时候，那是更加引人注目的。希腊人对它们再也不能置之不理了。据传说，当伊巴谷在公元前134年在天蝎座里看到这样一颗新星时，印象极其深刻，因此他专门设计出第一张星图，以便将来出现新星时可以比较容易地发现它。

公元1054年，在金牛座里出现了另一颗新星，那是非常亮的一颗星。它的亮度超过了金星，连续几个星期，在白昼也能看见。中国和日本的天文学家都精确地记下了它的位置，他们的记录一直流传至今。可是在西方，当时的天文学水平却十分低下，以致这样一件引人注目的事竟没有欧洲人的记录流传下来，也许根本就没有人记录过它。

到了1572年，情况就两样了。那一年，在仙后座里出现了一颗新星，亮度同1054年的新星差不多。当时欧洲天文学正从长期的沉睡中苏醒过来。年轻的第谷仔细观察了这颗新星，并写了一本名为《论新星》的书。现在用来泛指一切新星的英文 nova 一词，就是出自他的书名。

1604年，又有一颗引人注目的新星出现，位置是在长蛇座中。它不及1572年的新星那样明亮，但也足以使火星相形失色。开普勒对它做了观测，也写成一本书。

望远镜发明以后，新星就不怎么神秘了。当然，它们并不真是什么新的恒星，只不过是一些暗星突然变得明亮起来，为我们所看见罢了。

仙后座

随着时间的推移，所发现的新星越来越多。有时候，它们在几天之内亮度竟增加好几千倍，然后在几个月内慢慢变暗，一直变到原来昏暗不清的样子。平均地说，每年在每个星系内出现20颗新星。

　　根据新星形成时对它的多普勒—斐索谱线位移的研究，以及根据新星光谱的另一些细节，已经查明新星是一些正在膨胀着的恒星。在某些场合下，在膨胀时被喷向宇宙空间的恒星物质像是一个膨胀着的气体壳层，由于被恒星的其余部分所照亮，能为我们所看见。这样的恒星叫作"行星状星云"。

　　这种新星的形成，并不一定意味着一颗恒星的灭亡。这当然是一场巨大的灾变，因为，这样一颗恒星的亮度在不到一天之内可以增加到上百万倍。如果我们的太阳也变成一颗新星，它将毁灭掉地球上的一切生命，甚至可能会使这颗行星完全挥发掉。不过，在这样一场爆发中，那颗恒星只抛射掉它的质量的百分之一二，此后，它又恢复适当的正常生活。事实上，有的恒星看来已周期性地反复经历过好几次这样的爆发，而它们仍然存在到今天。

　　望远镜发明以后所出现的一颗最引人注目的新星，是德国天文学家哈维希于 1885 年在仙女座里发现的，取名为"仙女座 S"。它恰好略低于肉眼所能看见的亮度，但在望远镜中看起来，它的亮度是整个仙女座星系亮度的 $\frac{1}{10}$。那时，还没有人知道仙女座星系的距离是多大，当然也就无从知道它的大小，所以，仙女座里的那颗新星，它的亮度并未引起特别的轰动。然而，在哈勃弄清了仙女座星系的距离之后，1885 年那颗新星所具有的亮度就使天文学家们大为震惊了。后来哈勃在仙女座星系里发现了许多新星，但它们在亮度上再没有能赶得上 1885 年的新星。1885 年新星的亮度肯定是通常新星的 1 万倍。它是一颗"超新星"。现在回顾起来，1054 年、1572 年和 1604 年出现的那些新星应该也都是超新星。此外，它们一定是属于我们银河系的，不然，就无法解释它们极大的亮度了。1965 年，耶鲁大学的哥尔茨坦提出一些证据，说明我们银河系里的第四颗超新星是出现在 1006 年，如果我们承认那一时期一位埃及占星术家所做的不引人注意的笔记是可靠的话。

知识点

变　星

　　变星是星光强度有变化的恒星。亮度的变化可以是周期的，半规则的或完全不规则的。按光变的起源和特征，可将变星划分为3大类：食变星、脉冲星和爆发星。食变星是双星系统中的一个子星。当从地球上看去，该子星是在其伴星之前通过时，部分地屏遮住伴星的光；而伴星在该子星之前通过时，又部分地屏遮住该子星的光。每当上述情况发生时，双星系统的亮度会出现起伏。双星大陵五可能是最具有代表性的一个食变星。大陵五的西语名称是algol，意为闪烁之魔。另外两种类型的变星和食变星不同。它们都是自身变光的变星。也就是说，它们发出的辐射能随时间而改变。脉冲变星是自身周期地膨胀和收缩，致使它们的亮度和大小都有脉动。造父变星和天琴RR型是脉动变星的两种典型代表。爆发变星中包括新星、超新星等。突然爆发出辐射能的变星。亮度的突然增大只持续很短时间，随后又缓慢变暗。

延伸阅读

爱好者发现的新星

1975年，知名天文爱好者段元星，曾独立发现著名的 V1500 CYG 天鹅座新星，同时国内也有多人独立发现，当时在国内引起巨大轰动，他的事迹还写入过教科书。但是因为当时通讯落后等各种因素制约，他们并不是第一发现者，虽然获得国内天文界的承认，但他们的发现并不被国际承认，因为世界上只承认第一发现者的发现和在该发现没正式公布前上报的其他少数独立发现者的发现。

除了我国历史文献上的新星观测记载外，中国真正首颗银河系新星的发现，是在2009年5月29日，知名天文爱好者孙国佑与高兴通过星明天文台望远镜，共同发现的银河系新星 V5582 SGR，这是我国发现的首颗被国际承认的新星，填补了我国新星发现的空白。

2010年10月，知名天文爱好者阮建高与高兴通过星明天文台望远镜，共同发现系外新星 NOVA M31 2010－10C，是中国国内爱好者的首次发现系外新星。

古往今来的宇宙学说

天圆地方的"盖天说"

"盖天说"是我国古代最早的宇宙结构学说。这一学说认为，天是圆形的，像一把张开的大伞覆盖在地上；地是方形的，像一个棋盘，日月星辰则像爬虫一样过往天空。因此这一学说又被称为"天圆地方说"。

"天圆地方说"虽然符合当时人们粗浅的观察常识，但实际上却很难自圆其说。比如方形的地和圆形的天怎样连接起来，就是一个问题。于是，天圆地方说又修改为：天并不与地相接，而是像一把大伞高悬在大地上空，中间有绳子缚住它的枢纽，四周还有八根柱子支撑着。但是，这八根柱子撑在什么地方呢？天盖的伞柄插在哪里？扯着大帐篷的绳子又拴在哪里？这些也都是天圆地方说无法回答的。

盖天说

到了战国末期，新的盖天说诞生了。新盖天说认为，天像覆盖着的斗笠，地像覆盖着的盘子，天和地并不相交，天地之间相距八万里。盘子的最高点便是北极。

太阳围绕北极旋转，太阳落下并不是落到地下面，而是到了我们看不见的地方，就像一个人举着火把跑远了，我们就看不到了一样。新盖天说不仅在认识上比天圆地方说前进了一大步，而且对古代数学和天文学的发展产生了重要的影响。

在新盖天说中，有一套很有趣的天高地远的数字和一张说明太阳运行规律的示意图——七衡六间图。古代许多圭表都是高八尺，这和新盖天说中的天地相距八万里有直接关系。

盖天说是一种原始的宇宙认识论，它对许多宇宙现象不能做出正确的解释，同时本身又存在许多漏洞。到了唐代，天文学家一行等人通过精确的测量，彻底否定了盖天说中"日影千里差一寸"的说法后，盖天说就无从立脚了。

"地球中心论"的"浑天说"

日月星辰东升西落，它们从哪里来，又到哪里去了呢？日月在东升以前和西落以后究竟停留在什么地方？这些问题一直使古人困惑不解。直到东汉时，著名的天文学家张衡提出了完整的"浑天说"思想，才使人们对这个问题的认识前进了一大步。

浑天说认为，天和地的关系就像鸡蛋中蛋白和蛋黄的关系一样，地被天包在当中。浑天说中天的形状，不像盖天说所说的那样是半球形的，而是一个南北短、东西长的椭圆球。大地也是一个球，这个球浮在水上，回旋漂荡；后来又有人认为地球是浮于气上的。不管怎么说，浑天说包含着朴素的"地动说"的萌芽。

用浑天说来说明日月星辰的运行出没是相当简洁而自然的。浑天说认为，日月星辰都附着在天球上。白天，太阳升到我们面对的这边来，星星落到地球的背面去；到了夜晚，太阳落到地球的背面去，星星升上来。如此周而复始，便有了星辰日月的出没。

浑天说把地球当作宇宙的中心，这一点与盛行于欧洲古代的"地心说"不谋而合。不过，浑天说虽然认为日月星辰都附在一个坚固的天球上，但并不认为天球之外就一无所有了。而是说那里是未知的世界。这是浑天说比地心说高明的地方。

浑天说提出后，并未能立即取代盖天说，而是两家各执一词，争论不休。但是，在宇宙结构的认识上，浑天说显然要比盖天说进步得多，能更好地解释许多天象。

另一方面，浑天说手中有两大法宝：一是当时最先进的观天仪——浑天仪，借助于它，浑天家们可以用精确的观测事实来论证浑天说。在中国古代，依据这些观测事实而制定的历法具有相当的精度，这是盖天说所无法比拟的。另一大法宝就是浑象，利用它可以形象地演示天体的运行，使人们不得不折服于浑天说的卓越思想，因此，浑天说逐渐取得了优势地位。到了唐代，天文学家一行等人通过大地测量彻底否定了盖天说，使浑天说在中国古代天文领域称雄了上千年。

宇宙无限的"宣夜说"

"宣夜说"是我国历史上最有卓见的宇宙无限论思想。它最早出现于战国时期，到汉代则已明确提出。"宣夜"是说天文学家们观测星辰常常喧闹到半夜还不睡觉。据此推想，宣夜说是天文学家们在对星辰日月的辛勤观察中得出的。

不论是中国古代的盖天说、浑天说，还是西方古代的地心说，乃至哥白尼的日心说，无不把天看作一个坚硬的球壳，星星都固定在这个球壳上。宣夜说否定了这种看法，认为宇宙是无限的，宇宙中充满着气体，所有天体都在气体中漂浮运动。星辰日月的运动规律是由它们各自的特性所决定的，绝没有坚硬的天球或是什么本轮、均轮来束缚它们。宣夜说打破了固体天球的观念，这在古代众多的宇宙学说中是非常难得的。这种宇宙无限的思想出现于两千多年前，是非常可贵的。

另一方面，宣夜说创造了天体漂浮于气体中的理论，并且在它的进一步发展中认为连天体自身、包括遥远的恒星和银河都是由气体组成的。这种十分令人惊异的思想，竟和现代天文学的许多结论相一致。

宣夜说不仅认为宇宙在空间上是无边无际的，而且还进一步提出宇宙在时间上也是无始无终、无限的思想。它在人类认识史上写下了光辉的一页。可惜，宣夜说的卓越思想，在中国古代没有受到重视，几至于失传。

行星体系的"地心说"

"地心说"是长期盛行于古代欧洲的宇宙学说。它最初由古希腊学者欧多克斯提出，后经亚里士多德、托勒密进一步发展而逐渐建立和完善起来。地心说代表托勒密认为，地球处于宇宙中心静止不动。从地球向外，依次有月球、水星、金星、太阳、火星、木星和土星，在各自的圆轨道上绕地球运转。其中，行星的运动要比太阳、月球复杂些：行星在本轮上运动，而本轮又沿均轮绕地运行。在太阳、月球、行星之外，是镶嵌着所有恒星的天球——恒星天。再外面，是推动天体运动的原动天。

地心说是世界上第一个行星体系模型。尽管它把地球当作宇宙中心是错误的，然而它的历史功绩不应抹杀。地心说承认地球是"球形"的，并把行星从恒星中区别出来，着眼于探索和揭示行星的运动规律，这标志着人类对宇宙认识的一大进步。地心说最重要的成就是运用数学计算行星的运行，托勒密还第一次提出"运行轨道"的概念，设计出了一个本轮—均轮模型。按照这个模型，人们能够对行星的运动进行定量计算，推测行星所在的位置，这是一个了不起的创造。在一定时期里，依据这个模型可以在一定程度上正确地预测天象，因而在生产实践中也起过一定的作用。

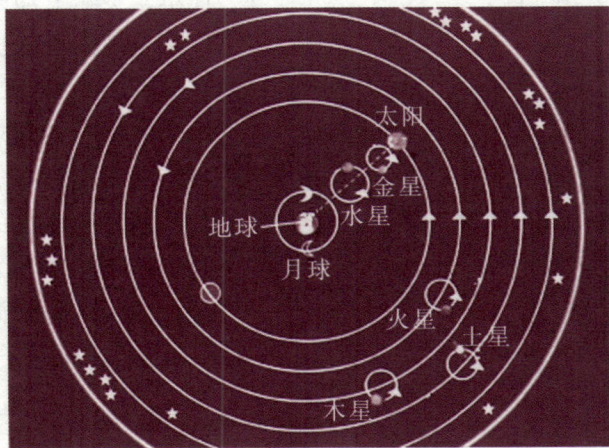

地心说

地心说中的本轮—均轮模型，毕竟是托勒密根据有限的观测资料拼凑出来的，他是通过人为地规定本轮、均轮的大小及行星运行速度，才使这个模型和实测结果取得一致。但是，到了中世纪后期，随着观测仪器的不断改进，行星位置和运动的测量越来越精确，观测到的行星实际位置同这个模型的计算结果的偏差，就逐渐显露出来了。

但是，信奉地心说的人们并没有认识到这是由于地心说本身的错误造成的，却用增加本轮的办法来补救地心说。起初这种办法还能勉强应付，后来小本轮增加到80多个，但仍不能满意地计算出行星的准确位置。这不能不使人怀疑地心说的正确性了。到了16世纪，哥白尼在持日心地动观的古希腊先辈和同时代学者的基础上，终于创立了"日心说"。从此，地心说便逐渐被淘汰了。

"太阳中心论"的"日心说"

1543年，波兰天文学家哥白尼在临终时发表了一部具有历史意义的著作——《天体运行论》，完整地提出了"日心说"理论。这个理论体系认为，太阳是行星系统的中心，一切行星都绕太阳旋转。地球也是一颗行星，它一面像陀螺一样自转，一面又和其他行星一样围绕太阳转动。

土星　火星 金星　太阳 水星 地球 木星　固定恒星

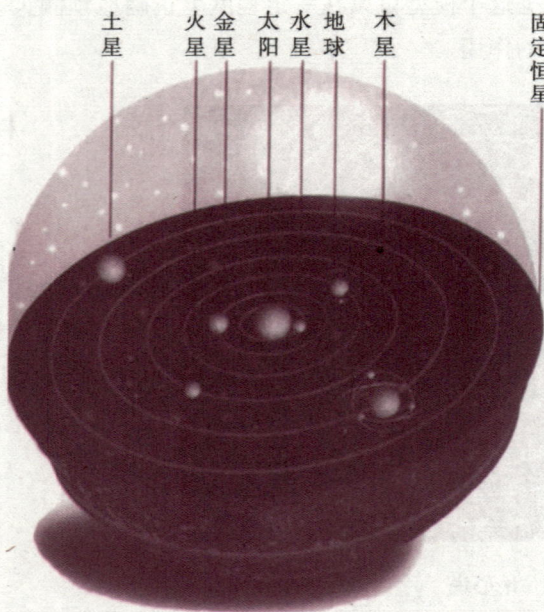

日心说

日心说把宇宙的中心从地球挪向太阳，这看上去似乎很简单，实际上却是一项非凡的创举。哥白尼依据大量精确的观测材料，运用当时正在发展中的三角学的成就，分析了行星、太阳、地球之间的关系，计算了行星轨道的相对大小和倾角等，"安排"出一个比较和谐而有秩序的太阳系。这比起已经加到80余个圈的地心说，不仅在结构上优美和谐得多，而且计算简单。更重要的是，哥白尼的计算与实际观测资料能更好地吻合。因此，日心说最终代替了地心说。

在中世纪的欧洲，托勒密的地心说一直占着统治地位。因为地心说符合神权统治理论的需要，它与基督教会所渲染的"上帝创造了人，并把人置于宇宙中心"的说法不谋而合。如果有谁怀疑地心说，那就是亵渎神灵，大逆不道，要受到严厉制裁。日心说把地球从宇宙中心驱逐出去，显然违背了基督教义，为教会势力所不容。为了捍卫这一学说，不少仁人志士与黑暗的神权统治势力进行了前赴后继的斗争，付出了血的代价。意大利思想家布鲁诺，为了维护日心说，最终被教会用火活活烧死；意大利科学家伽利略，也因为支持日心说而被宗教法庭判处终身监禁；开普勒、牛顿等自然科学家，都为这场斗争做出过重要贡献。

知识点

三角学

三角学是研究平面三角形和球面三角形边角关系的数学学科。三角学起源于古希腊。为了预报天体运行路线、计算日历、航海等需要，古希腊人已研究球面三角形的边角关系，掌握了球面三角形两边之和大于第三边，球面三角形内角之和大于两个直角，等边对等角等定理。印度人和阿拉伯人对三角学也有研究和推进，但主要是应用在天文学方面。15～16世纪对三角学的研究转入平面三角，以达到测量上应用的目的。16世纪法国数学家 F. 韦达系统地研究了平面三角。他出版了应用于三角形的数学定律的书。此后，平面三角从天文学中分离出来，成了一个独立的分支。平面三角学的内容主要有三角函数、解三角形和三角方程。

延伸阅读

分权学说

分权学说是资产阶级政治学说的重要组成部分，是西方国家政治制度借以建立的理论指导。

分权学说的起源可以追溯到古希腊和罗马时代，其代表人物是亚里士多德、波里比阿、西塞罗。亚里士多德在他的《政治学》一书中论述了政体的三要素，即议事机能、行政机能和审判机能，可以说是分权学说的萌芽。继亚里士多德之后谈论分权学说的是波里比阿。他极力赞扬罗马政体中的执政官、元老院、保民官三者的权力相互配合与制衡的原则，并认为这是罗马兴盛的主要原因。波里比阿发展了亚里士多德的分权学说。继波里比阿之后阐述分权学说的是西塞罗，他的分权理论主要表述在《共和国》一书中。主张共和政体应兼备君主、贵族、平民三种政体的优点，是三者的互相结合和相互纠正。从政体的形势与实现国家权力的三个部门之间的关系来说，西塞罗完全继承了波里比阿的主张。

人们所能观测到的宇宙

目前为止，人类已经对宇宙有了一定的认识，也了解了很多宇宙的基本知识。人类对于宇宙的构成、各类星系、星云、宇宙岛、星际空间、暗物质等也有所掌握。除此之外，宇宙中吞食星体的黑洞、矮星等，也渐渐地为人类所认识。

简单的说，人们眼中的宇宙，自诞生之日起，已经形成了自己的生长、衰退、灭亡模式。几百亿年来，宇宙正按照自己的"生活模式"存在着、运转着。

蜗居在宇宙中的星系

银河系是个旋涡星系，它里面的大多数恒星形成了一个平展的圆盘，而另一些形成了一个晕。美国著名天文学家哈勃根据星系的形状或形态把它们分了类。亮星系半数以上是旋涡星系，包括银河系、M31 和 M33 星系。这里 M 表示梅西叶所编制的目录，当通过小型望远镜观察时他所编制的天空中星云状天体可能与彗星相混淆。在试图

旋涡星系

建立一个合乎逻辑的分类系统中，哈勃把旋涡星系依次分类：Sa 是具有最紧密缠绕的旋臂和最大的星系核的；Sc 是具有最松缠绕的旋臂和最致密的核的；中间的各类型（如 M31，可能还有银河系）属于 Sb 类。

大约所有旋涡星系中的 1/4 是棒旋星系，它用 SB 表示。它们的臂接在中心棒的端点上而不朝向中心缠绕。在其他方面它们类似于其他旋涡星系，在星系的盘中有星族 I 的特征，而在盘外具有星族 II 的特征。与旋涡星系类似，它们可再分为 SBa、SBb 和 SBc 几类。

椭圆星系构成星系的另一个主要类型。它没有旋涡的特征，但有一个光滑的恒星分布带，安置成为一个对它看上去以太空为背景时呈现一个椭圆形轮廓的形体。略少于最亮星系数目的一半是巨椭圆星系。最近的一个 NGC3115，是 4 百万秒差距（写作 4Mpc，Mpc 即百万秒差距）的距离，（它离开我们比我们星系的直径 100 千秒差距远 40 倍）。哈勃用 E0 到 E7 的记号来标记椭圆星系的这些形状，以 0 表示圆形的图像而 7 表示很平坦的图像。与 NGC3115 相仿，E7 星系的短轴等于它的主轴的 0.3 倍，而 E0 星系则是 1.0。天文学家不能肯定椭圆星系的三维形状是什么。某些 E0 星系实际是从极点方向上看时是扁平形的系统。

另一种星系类型叫作透镜状星系并用 S0 表示，在星系团中特别瞩目。与旋涡星系类似，这种类型是透镜的形状只是没有星际尘埃和旋臂。最后还有不规则星系，银河系的伴星系麦哲伦云就是一个例子。亮星系中只有 3% 是不规则星系。

哈勃的形态学类型以我们能容易明白的方式与其他数量相联系。像麦哲伦云那样的不规则星系几乎是纯粹的星族 I 系统，在它们里面含有许多 O 和 B 型星，尘埃和气体。

分类中的另一类是 E 星系，观测到它没有尘埃。因为氢原子通常伴随着尘埃，缺乏气体意味着在这个系统中可能没有年轻的恒星，因为这里没有制造出恒星的东西。旋涡星系和不

大麦哲伦云

规则星系，有大量气体，由它产生新恒星。许多年轻恒星是热而亮的 O 和 B 型光谱型，这些星系具有较椭圆星系更为蓝和亮的光。

　　每种类型中我们可以找出具有不同质量的星系。不同类型之间差别更像是和星系的角动量或其自旋有关，因为这样离心力就会导致平展。为什么平展的系统（旋涡星系和不规则星系）有尘埃和气体，而椭圆星系就没有，现在还不清楚。或许椭圆星系在它们生命的初期就把它们的全部气体和尘埃转变成了恒星，而旋涡星系只转变了一部分。

椭圆星系

　　说到这里还要强调一点，那就是星系虽已按它的外形给予标记，但分类并不意味着它们之间有任何演化上的联系。就目前人类所知道的，星系并不能从一种类型演化成另一种类型；却由于形成星系的气体星云中原来存在的具体条件，才使它们具有各自不同的形态。比如，形成星系的初始的气体星云自转程度或其他早期星系的临近，可能影响它们的早期演化。

知识点

星系

　　星系或称恒星系，是宇宙中庞大的星星的"岛屿"，它也是宇宙中最大、最美丽的天体系统之一。到目前为止，人们已在宇宙观测到了约 1000 亿个星系。它们中有的离我们较近，可以清楚地观测到它们的结构；有的非常遥远，目前所知最远的星系离我们有将近 150 亿光年。

延伸阅读

星系的发现

1610 年，伽利略使用他的望远镜研究天空中明亮的带状物，也就是当时所知的银河，并且发现它是由数量庞大但光度暗淡的恒星聚集而成的。在1755 年的一篇论文中，伊曼纽尔·康德，借鉴早期由托马斯·怀特工作完成的素描图，推测星系可能是由数量庞大的恒星转动体，经由重力的牵引聚集在一起的，就如同我们的太阳系，只是规模更为庞大。恒星聚集成盘状，我们由盘内透视的效果，将把其看成一条在夜空中的光带。康德也猜想某些在夜空中看见的星云可能是独立的星系。

宇宙中的本星系群家族

星系通常聚集成群成团，这些群或团囊括有几十个以至几千个星系，处在一个假若没有它们就是个虚空的环境中。我们的银河系就是一个典型星系群（本星系群）之中的一个成员。

星系群的定义通常没有星系团定义那样完善，它只有较少的成员并且不是那样紧密地组合在一起。银河系所在的本星系群大约含有二十来个星系成员。我们最近的邻居是大、小麦哲伦云，它们以探险家麦哲伦命名，麦哲伦的船员们第一次将这些非凡的南半球天体传讯给欧洲人。虽然它们用肉眼很容易看到（V = 0.1 和 2.4），但它们很靠南（纬度为 −73° 和 −69°）以至以往在北半球的古人都不知道它们的存在。现在，我们从它们的造父变星知道它们是距离约为 50 千秒差距的独立星系。在此距离上它们很容易被分解成类似于银河系中的星族 I、O 及 B 型星的亮恒星。它们的形状是不易说清楚的，所以被归入不规则星系之类。然而某些人认为大麦哲伦云是旋涡星系。两个星云都含有相当数量的氢。由对氢和恒星运动的研究，天文学家们发现两个星云都在自转。大、小麦哲伦云的质量估计大约分别为 10^{10} 和 10^9 个太阳质量。

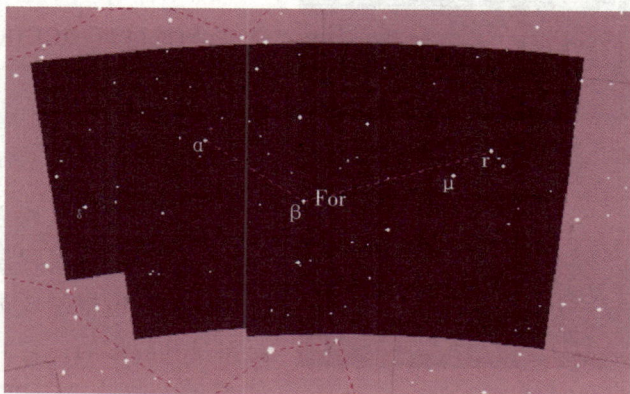

矮星系中的天炉座

除星云以外，银河系在空间中还有六个称为矮星系的小星系伴随着，它们都以它们所在的星座命名（例如天炉座、狮子座等星座）。这些星系的质量为 $10^6 \sim 10^7$ 个太阳质量，并不大于球状星团的质量。它们的距离在 $50 \sim 300$ 千秒差距的范围内，与遥远球状星团相重叠。这意味着与球状星团相似。某些矮星系是在绕银河系的轨道上运行，可能矮星系和球状星团之间的唯一区别是它们里面物质的总质量及它们到我们银河系中心的距离。如果每个巨星系都像我们的银河系这样有许多矮星系与它伴生，则银河系可以代表宇宙中的大多数星系。这个猜测很难被检验是否正确，因为矮星系的表面亮度低使它在巨大距离外很难被察觉。

在约 700 千秒差距的距离以外不属于本星系群，那里有别的星系，本星系群中包括仙女座星系（M31）及一个巨大的伴星系（M33）。仙女座星系是一个几乎从边缘看的旋涡星系，而 M33 是一个近于从对面看的旋涡星系。M33 比 M31 的旋涡更为开敞，其核更紧密，使它成为一个 Sc 星系。M33 比 M31 更暗且质量更小，与麦哲伦云的比值类似。这个数值与它具有大量年轻热恒星和 H II 区是一致的。

M31 有个很致密的核，直径只有 400 秒差距，在短时间曝光的照片上看得出来。它的光谱中除发射线外还有恒星的吸收线，发射线表明存在热星际气体。有关该气体的一个有趣事实是它正以高达每秒 100 千米的速度向外运动。现今没有人知道这是为什么。这个现象也在我们银河系的中心区域被观察到；银河系中这种运动的原因也不清楚。

大星系吞食小星系

M31 伴有四个显著的小星系，称作 NGC147、NGC185、NGC205、NGC221（或 M32），这些天体与 M31 自身完全不同。首先，它们不呈现旋涡结构的迹象。严密的检查指出，完全没有星族天体——只是一个稍光滑的恒星背景，根据它的光谱认为它像银晕成员。因为这些星系是椭圆形的，它们是椭圆星系的例子。因为 NGC205 和 M32 比 M31 小很多也暗很多，它们是矮星系（像我们银河系附近的那些星系），而 M31 本身以及银河系是巨星系。比起麦哲伦云和我们银河系接近的程度来，NGC205 和 M32 显得更接近于 M31。它们具有类似的质量和光度，如果从一个适当的方位来看银河系及它的两个邻近的伴星系，可能看起来好像 M31。NGC147 和 185 更暗得多，类似于银河系的暗弱伴星系，并且也是椭圆星系。近来的研究揭示还有三个非常暗弱的矮椭圆星系围绕着 M31，使它的伴星系的总数达到七个，接近银河系的伴星系数目。

目前所讨论的各个星系均位于离银道面 14° 以上。在非常低的纬度处，由于银河系中的星际消光作用，很难观察到河外天体。近来有一位天文学家在红外波段做了一个例行的调查，看到两个低纬度星云状天体，以前它们没有被列入星表。经严密检查后发现，它们两个原来是附近的星系。其中一个叫马菲 1，是距离为 1～3 百万秒差距的巨椭圆星系，而马菲 2 是距离为 1～10 百万秒差距的旋涡星系。距离是不确定的，因为由于大量消光作用（至少 5 星等），至今还不能观察到它们中的个别恒星，

造父变星

比如已知光度的造父变星。但基于它的射电特性，相信马菲 2 有相当大的质量，或许为 10^{10} 个太阳质量。

银河系和它的 8 颗伴星系，M31 和它的 7 个伴星系以及 M33，NGC6822 和 IC1613 所有这些星系组成本星系群，相互处于 700 千秒差距以内。由于星系彼此间相互吸引，趋向于纠集在一起，形成一个独特的群。整个宇宙中亮星系间的平均分离距离约比本星系群各星系间隔大十倍。以后我们将看到其他星系群并未表现出被引力效应束缚在一起的情形；星系可以从这种星系群的系统中逃逸。要不然，若它们彼此是束缚在一起的话，在星系里必然有不可见的附加物质来增强吸引力，暗示着在这些星系群中有"暗质量"存在的可能性。这个暗质量问题成为当代天文学尚未解决的难题之一。

▶▶ 知识点 ▶▶▶▶▶

天炉座

天炉座为南方星座，位于波江座西岸的一个转弯处。1751 ~ 1752 年由阿比·尼古拉斯·德·拉凯勒所发现，最初被称为"化学熔炉"。后来天文学家约翰·博德（1747 ~ 1826 年）试图把它的发现交给法国化学家安东尼·拉沃西尔（1743 ~ 1794 年）。理论上在北纬 50 度以上均可看到，但由于它由 4 等和 5 等星构成，实际上在地平线低空部分看不到，只有在热带或南半球才可以观察到它的全部。它的午夜顶点在 11 月初。中心位置在赤经 3 时，赤纬 −32 度。西接玉夫座，且为波江座所包围。座内最亮的星是 2 颗 4 等星。

1752 年法国天文学家拉卡伊为了填补原有星空空隙划定的一个南天星座。最初叫"化学炉座"。星座内的星都很暗。西接玉夫座，东南为波江座包围，大体上在波江座的一长串暗星组成的河曲处，但很不容易把它与这些暗星区分开来。在天炉座有一个著名的天炉座星系团。

天炉座是极为普通的星座，在天空不起眼的角落。波江座代表的河流从旁边流过，北边则是鲸鱼座。星座是 18 世纪法国天文学家拉卡伊所订立的，象征化学熔炉。天炉座星系团是一个距离地球 7500 光年的星系团，最亮星两个星系是 NGC1316 和 NGC1365，用小型望远镜可见。NGC1316 是异常的螺旋星系，称为无线电源天炉座 A；NGC1365 是棒旋星系。

　　尽管这个星座不是很偏南。但直到 1752 年才由法国天文学家拉卡伊对它进行了描述。这个星座没有星等超过 4 的星。但实际上该星座却包含一个拥有多种天体的星系群。使用 8 英寸（20 厘米）或更大望远镜才能看见它。

延伸阅读

本星系群中的典型成员

　　本星系群中两个质量最大的成员是银河系与仙女座星系，这两个旋涡星系又都各自拥有一个自己的卫星星系系统。银河系的卫星星系系统包括 Sag DEG（人马座）、大麦哲伦星云、小麦哲伦星云、大犬座矮星系、小熊座矮星系、天龙座矮星系、船底座矮星系、六分仪座矮星系、玉夫座矮星系、天炉座矮星系、狮子座Ⅰ、狮子座Ⅱ以及杜鹃座矮星系；仙女座星系的卫星星系系统包括 M32、M110、NGC 147、NGC 185、And Ⅰ（仙女座）、And Ⅱ（仙女座）、And Ⅲ（仙女座）以及 And Ⅳ（仙女座）。M33 是本星系群中第三大的星系，它可能是也可能不是仙女座星系的伴星系，但 LGS 3 可能是它的卫星星系。本星系群的其他成员的质量都远远小于这几个大的子群。

　　本星系群是一个典型的疏散群，没有向中心集聚的趋势。但其中的成员三五聚合为次群，至少有以银河系和仙女星系为中心的两个次群。

　　近距离星系团的空间分布表明，有一个以室女星系团为中心的更高一级的星系成团现象，长径约为 30～75 百万秒差距，包括 50 个左右星系团和星系群，称为本超星系团，本星系群是它的一个成员。

　　据推测，本星系群的主要成员仙女座星系与我们所在的银河系不久后也会落入合为一体的命运。不过，由于这两个星系的距离有 230 万光年之远，因此两个星系要合为一体恐怕需要相当长的时间。但在几千亿年后的遥远未来，两个巨大的星系将会合为一体并长成更为巨大的星系。与仙女座星系和我们的银河系合并一样，其他的星系或许也会相互接近并合为一体。随着数千亿年的时光流逝，本星系群的所有星系会互相合并，最终形成一个巨大的星系。星系的旋转运动会随着合并的发生慢慢消失，最终会出现一个巨大的椭圆星系。

本星系群以外的红移

本星系群以外存在大量星系，最大望远镜所及的区域内可能有几十亿颗。当研究更远处星系发出的光时发现它们光谱中吸收线的波长向红端移动。这个红移若被解释为多普勒移动，就表明这些星系有背离银河系的运动（有个例外：NGC253，距离为2.4百万秒差距的Sc星系，正以每秒70千米的速度接近银河系）。20世纪20年代就发现星系表现出这个运动方式，但遭到怀疑。为什么所有星系正背离银河系退行？这个现象似乎将银河系置于一种与众不同的地位——一个不大可能的事情。此外这种越退越远的行动指出了一类不像行星公转和银河系自转的运动方式，它绝不能把各个星系复原到它们各自最初的位置上来。这个结果暗示着可能包括某些类型的演化性的连续变化。

早先曾希望在观察其他方向和其他距离时，可能会发现有什么星系正在朝我们而来。可迄今还没有发现任何这样的星系。本星系群以外的每个河外星系的光谱（除NGC253以外）都被观察到是向红端移动，这表明整个宇宙的星系系统正在膨胀。我们说宇宙学红移和宇宙膨胀，其含意正是这种运动遍及整个宇宙。

这时我们应问，红移是否真的是多普勒效应？邻近星系表明横跨它们的像有一个波长移动的区域，如果星系果然正在自转，则这正是多普勒效应所预期的，所以多普勒效应确实是有的。然而对远星系我们还应假定有

恒星公转

什么东西叠加在多普勒移动之上。

目前，只知道另有一个可能的解释与物理定律一致，即引力红移。爱因斯坦广义相对论预言，这个现象表明所接收到的来自强引力场系统的波长比来自类似于真空系统的波长更长。这个红移反映了光是能量的一种形式的事实，因此它的行为就好像它具有质量被具有引力的物体吸引时那样。因此当它离开这样的天体时失去能量，就好像把一个球向上抛离地球时的行为那样。与多普勒移动一样，引力红移与波长成正比，但在实际情况下，比例常数通常是非常小的。对具有 10^{11} 个太阳质量，半径为 10 千秒差距的各星系，引力红移（大约为 10^{-7}）远小于远星系的观测红移（0.003～0.4）。因此，引力红移不是一个可行的解释，除非当代的物理学是错误的。因而我们必须得出宇宙在膨胀的结论。

哈勃注意到愈暗弱的星系红移愈大。表明星系的红移与视星等的关系。星系愈暗它们显得运动愈快。因为我们把更暗弱看作相当于更远的距离，所以我们的结论是愈远的星系运动愈快。

此外，已大致地假定在一定距离上的所有星系都具有同样的速度。按哈勃定律，我们能求出现在分离为 1 百万秒差距的两颗星系多久以前曾是处在同一个地方。这个答案应给出宇宙年龄是多少的一个概念。因为如果它们的速度从始至终是个常数，这个答案所给出的就是那么久以前所有星系都在同一个地方的时间。我们将 1 百万秒差距（3×10^{19} 千米）以 50 千米/秒除之，得到 6×10^{17} 秒。这个结果叫哈勃时间，等于 2×10^{10}（200 亿）年；这就是宇宙年龄的估计值。在一个哈勃时间里，以接近光的速度运行的最远的星系，其所走过的距离是 2×10^{10} 光年。这个距离等于 6000 百万秒差距，叫作哈勃半径——这就是宇宙大小的估计值。

哈　勃

▶ 知识点

多普勒效应

多普勒效应是为纪念奥地利物理学家及数学家克里斯琴·约翰·多普勒而命名的，他于1843年首先提出了这一理论。主要内容为：物体辐射的波长因为波源和观测者的相对运动而产生变化。在运动的波源前面，波被压缩，波长变得较短，频率变得较高（蓝移 blue shift）；当运动在波源后面时，会产生相反的效应。波长变得较长，频率变得较低（红移 red shift）。波源的速度越高，所产生的效应越大。根据波红（蓝）移的程度，可以计算出波源循着观测方向运动的速度。

恒星光谱线的位移显示恒星循着观测方向运动的速度。除非波源的速度非常接近光速，否则多普勒位移的程度一般都很小。所有波动现象都存在多普勒效应。

延伸阅读

红移的测量

红移可以经由单一光源的光谱进行测量。如果在光谱中有一些特征，可以是吸收线、发射线或是其他在光密度上的变化，那么原则上红移就可以测量。这需要一个有相似特征的光谱来做比较，例如，原子中的氢，当它发出光线时，有明确的特征谱线，一系列的特征谱线都是有一定间隔的。如果有这种特性的谱线型态但在不同的波长上被比对出来，那么这个物体的红移就能测量了。因此，测量一个物体的红移，只需要频率或是波长的范围。只观察到一些孤立的特征，或是没有特征的光谱，或是白噪音（一种相当无序杂乱的波），是无法计算红移的。

红移（和蓝移）可能会在天体被观测的和辐射的波长（或频率）而带有不同的变化特征，天文学习惯使用无因次的数量 z 来表示它。

在 z 被测量后，红移和蓝移的差别只是简单的正负号的区别。例如，对多普勒效应的蓝移（z_0），我们就会联想到物体远离观测者而去并且能量减少。同样的，对爱因斯坦效应的蓝移，我们可以联想到光线进入强引力场，而爱因斯坦效应的红移是离开引力场。

宇宙中星系附近的星系

缺失质量

像恒星那样，星系成群地被发现，一个星系群有的含有两颗成员（双重星系），多到几千颗成员（富星系团）。像双星那样，双重星系在测定星系质量上是有用的。但鉴于星系有极长的轨道周期（约 108 年），我们没有希望像观察恒星轨道那样地去观察星系的轨道。但我们可用开普勒第三定律由观测彼此的距离和径向速度来获得轨道周期的估计值。纵然因为不知道轨道的形状和方向，在某些具体情况下这个估计必然十分不精确，可是对这种轨道星系的大量取样做分析，能给出十分精确的平均质量。这里，所运用的各种方法互相有所重叠，其结果与星系自转曲线所测定的质量相符。

在约 15 百万秒差距的范围内，大约有 50 个小星系群或团，每个群或团所包含的有几个星系到 50 个星系之多。这些群或团按照它们所包含的主要星系是椭圆星系（E 型星系群）还是旋涡星系（S 型星系群）来分类。我们可用两种方法估计星系团的质量：一种方法是求出星系被相互的引力效应使彼此保持在一起所需的质量，而另一种方法是求单独成员的颜色和光度。使人感到惊异的是两种答案竟不相符合。在很多星系团中，由光度所求得的质量比另一种方法所求出的值为小。如果没有某些看不见的或隐匿的质量，星系是将要飞散的。对于含有许多旋涡星系的群或团，通常差别很大。我们涉及的问题是"缺失质量"问题，能够保持星系团彼此聚集不散所需的质量，超过了由光度推导出来的质量的倍数称为"质量矛盾"。这个所差的质量在哪里的问题，现在仍未解决。

星系团

最近的富星系团（团中含有彼此间隔很密的大量星系）是室女座星系团。它的距离为 20 百万秒差距，这是用 M87（该星团中的一个星系）中的球状星团的视星等与银河系和其他附近星系中的星团的视星等相比较而测定出来的。星系的分布是不规则的，所以室女座星系团是典型的不规则星系团。不幸的是这个星系团对于我们观察造父变星来说

星系团

未免太远，造父变星是更可靠的距离指示者。室女座星系团在 12°的直径内包含有 250 个星系。s 和 E 型星系两者都有，但它们好像被分离在星系团中的不同区域。

室女座星系团被两个亮椭圆星系控制，NGC4475（MV = − 23.5）和 NGC4486，也称作 M87（MV = − 23.0）。M87 位于离我们 20 百万秒差距处，它本身是一颗有趣的星系。它的外边缘可以追查到 100 千秒差距之远，但就在 M87 的中心它含有一个直径小于 100 秒差距的半恒星性的核。一个不寻常的喷流从核喷出，这个喷流完全是非热性质的，能辐射无线电波、可见光和 X 射线。它的可见光是浅蓝色的，没有谱线特征，而且是偏振的，表明它是同步加速辐射的。一个横跨着 30 千秒差距的巨大射电源环绕光学星系，使它成为已知最强大的射电星系之一。M87 的球状星团对测定 M87 和室女座星系团的距离是有帮助的，由此距离测定了哈勃常数值。

室女座星系团

室女座星系团有大约为 10 的质量矛盾；就是说它的引力质量是它的光度质量的 10 倍。提出了各种形式的不可见质量来弥补这个差额。可以想象位于室女座中各星系之间的质量大大超过了星系内部的质量。这个质量的一种可能形式是星系际气体。但是对 H I 和 H II 两种星系际氢的查找均无结果。所以星系际气体并不像是引起这个矛盾的原因。

据研究所有在 20 百万秒差距内的星系，以及它们所囊括在内的星系团或星系群，当向太空的背景上投影时都是以有系统的方式分布着。它们形成一个巨大的带子，类似于银河系，但大 1000 倍。有些证据表明这个巨大的系统正以每秒几百千米的速度绕室女座星系团附近的一个点在旋转。如果这个估计正确，室女星系团可能是这个称为本超星系团或超星系团的核心。

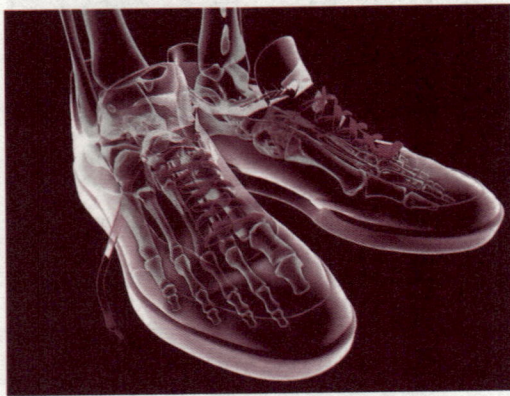

其他富星系团与室女座星系团很不相同。位于 140 百万秒差距的后发座星系团是一个规则星系团的例子。像其他规则星系团一样，其中旋涡星系很少而 E 和 EO 却有大量。它的质量矛盾约为八。

被 X 射线照射的足部

后发座星系团不含有个别的发射强射电信号或 X 射线的星系，但是系团整体是个强 X 射线源，据信，X 射线是由热星际气体（因为过于稀疏所以对星系团来说不产生引力约束）的热辐射产生的。

▸▸ 知识点 ▸▸▸▸▸

室女座星系团

室女座星系团是离我们银河系最近的星系团，在天空中横跨 5 度的范围，大约是满月的十倍大。它包含有类似于银河系那么大的星系 2500 多个，包括旋涡星系、椭圆星系和不规则星系。它距离我们约数千万光年。室女座星系团的质量非常巨大，甚至正把我们的银河系拉过去。室女座星系团不仅有普通的星系，还拥有温度高到会发出 X 射线辐射的云气。星系团内外星系的运动表明，星系团所含的暗物质超过了可见的物质。

室女座星系团的准确距离仍有争议（见宇宙距离尺度），但一个广为接受的数值是 1500 万秒差距；如果这个距离能够准确测定，比如用哈勃空间望远镜研究其中的造父变星，那将给宇宙距离尺度提供重要的定标。1994 年公布了用哈勃望远镜进行这类测量的首批结果，得出了比较大的哈勃常数值约 80 千米每秒每百万秒差距，但这并不是最后的结论。

延伸阅读

星系的演化

按照宇宙大爆炸理论，第一代星系大概形成于大爆炸发生后十亿年。在宇宙诞生的最初瞬间，有一次原始能量的爆发。随着宇宙的膨胀和冷却，引力开始发挥作用，然后，幼年宇宙进入一个称为"暴涨"的短暂阶段。原始能量分布中的微小涨落随着宇宙的暴涨也从微观尺度急剧放大，从而形成了一些"沟"，星系团就是沿着这些"沟"形成的。

哈勃太空望远镜拍摄的遥远的年轻星系照片，其中包含有正在形成中的星系团（原星系）。18 个正在形成中的星系团的单独照片。每个团块距地球约 110 亿光年。著名的"哈勃深空"照片，展示了 1000 多个在宇宙形成后不到 10 亿年内形成的年轻星系。哈勃深空图片，箭头所指的可能是迄今为止发现的最遥远的星系。阿贝尔 2218 星系群，照片反映了宇宙中的"引力透镜"现象。两个相邻的星系 NGC1410、NGC1409 因引力作用而互相吸取物质。

随着暴涨的转瞬即逝，宇宙又回复到如今日所见的那样通常的膨胀速率。在宇宙诞生后的第一秒钟，随着宇宙的持续膨胀冷却，在能量较为"稠密"的区域，大量质子、中子和电子从背景能量中凝聚出来。一百秒后，质子和中子开始结合成氦原子核。在不到两分钟的时间内，构成自然界的所有原子的成分就都产生出来了。大约再经过30万年，宇宙就已冷却到氢原子核和氦原子核足以俘获电子而形成原子了。这些原子在引力作用下缓慢地聚集成巨大的纤维状的云。不久，星系就在其中形成了。大爆炸发生过后10亿年，氢云和氦云开始在引力作用下集结成团。随着云团的成长，初生的星系即原星系开始形成。那时的宇宙较小，各个原星系之间靠得比较近，因此相互作用很强。于是，在较稀薄较大的云中凝聚出一些较小的云，而其余部分则被邻近的云所吞并。

同时，原星系由于氢和氦的不断落入而逐渐增大。原星系的质量变得越大，它们吸引的气体也就越多。一个个云团各自的运动加上它们之间的相互作用，最终使得原星系开始缓慢自转。这些云团在引力的作用下进一步坍缩，一些自转较快的云团形成了盘状；其余的大致成为椭球形。这些原始的星系在获得了足够的物质后，便在其中开始形成恒星。这时的宇宙面貌与今天已经差不多了。星系成群地聚集在一起，就像我们地球上海洋中的群岛一样镶嵌在宇宙空间浩瀚的气体云中，这样的星系团和星系际气体伸展成纤维状的结构，长度可以达到数亿光年。如此大尺度的星系的群集在广阔的空间呈现为球形。

另类的宇宙非寻常星系

当然，哈勃认为有许多星系完全不适合他的分类方案，所以是非寻常星系。自哈勃以后，在光学和射电观测的基础上，已经找出了一些不同类型的非寻常星系。

有些矮星系，它们显然不适合哈勃的形态学分类方案。低质量星系总是具有低表面亮度，因此是很难研究的。最近发现一颗不规则的矮星系，似乎它只包含一些年轻恒星，从而产生了它们可能是最近由星系际气体形成的可能性。这颗矮星系是通常也包含着老龄恒星的星系中一个罕见的例外。正如矮星系有相对低的表面亮度那样，另一群叫作致密星系的却是非常亮的，而且这些系统中的各个恒星显得比通常星系彼此靠得更紧。一个可能是有意义的现象是这些星系经常是强射电源。

有个旋涡星系亚类，它具有极端明亮的小核心，仿佛M31或银河系的致密核突然明亮了几千倍或更多似的。塞费特星系的核像M31的核那样具有热气体发射线的光谱特征。这些气体正以 $10^3 \sim 10^4$ 千米/秒的速度向外运动。塞费特星系有时是射电源。它们中的某些核心发射出比正常星系多得多的红外辐射，因此事实上它几乎不可能用恒星辐射来解释它的能量。可见辐射和红外辐射常以几个月的周期在变化着，表明它来自一个横跨不到 1 秒差距的小区域。所有这些事实指出在塞费特星系的中心核内正发生爆炸。一个类似的现象正发生在银河系中心处的人马座 A 射电源中，但所具有的能量很低（约为 1/10000）。所有旋涡星系中大约 1% 是塞费特星系。

星系爆炸

许多独特的星系具有不寻常的甚至令人惊奇的形状，它很难用任何简单的解释来说明。某个亚类——那些显出成对相互作用的特殊星系——可能因为互靠紧密而被解释为双重星系在长椭圆轨道上相遇而过。最近的计算表明潮汐效应可以将相遇的星系的物质拉出来，这一现象与某些被观测到的系统有值得注意的相符之处。

知识点

哈 勃

美国天文学家爱德温·哈勃（Edwin P. Hubble）（1889～1953）是研究现代宇宙理论最著名的人物之一，是河外天文学的奠基人。他发现了银河系外星系存在及宇宙不断膨胀，是银河外天文学的奠基人和提供宇宙膨胀实例证据的第一人。

延伸阅读

不规则星系

不规则星系（Irregular Galaxy，Irr-type Galaxy）外形不规则，没有明显的核和旋臂，也没有盘状对称结构或者看不出有旋转对称性的星系，用字母 Irr 表示。在全天最亮星系中，不规则星系只占 5%。

按星系分类法，不规则星系分为 Irr Ⅰ 型和 Irr Ⅱ 型两类。Ⅰ 型的是典型的不规则星系，除具有上述的一般特征外，有的还有隐约可见不甚规则的棒状结构。它们是矮星系，质量为太阳的 1 亿倍到 10 亿倍，也有可高达 100 亿倍太阳质量的。它们的体积小，长径的幅度为 2~9 千秒差距。星族成分和 Sc 型螺旋星系相似：O−B 型星、电离氢区、气体和尘埃等年轻的星族 Ⅰ 天体占很大比例。Ⅱ 型的具有无定型的外貌，分辨不出恒星和星团等组成成分，而且往往有明显的尘埃带。一部分 Ⅱ 型不规则星系可能是正在爆发或爆发后的星系，另一些则是受伴星系的引力扰动而扭曲了的星系。所以 Ⅰ 型和 Ⅱ 型不规则星系的起源可能完全不同。

宇宙中的新成员射电星系

大多数正常的旋涡星系发射适量的射电波（10^{38} 尔格/秒，它约为太阳亮度的 10 000 倍），因为超新星爆发所产生的相对论电子，当它们绕星际磁场旋转时发射同步辐射。但某些星系发射比它强 10^6 倍的辐射，表明必然存在快速电子的巨大供给源。这样的天体被称作射电星系。射电星系常常是特殊的光学天体，在它们的结构中有多重核或料想不到的尘埃带。这些星系经常具有发射线表明存在热气体。

像塞费特星系那样，这些现象往往指出有一系列爆发，它反复加速电子直到接近光速。此后这些电子的各集团以远远低于光速的速度离开，一直运行了一百万年，所以它们在离母星系很大距离处被看见。爆发的性质仍然不为人知并且成为今天天文学中最吸引人的问题之一。快速电子的总能量可由同步辐射理论估计（该理论很好地解释了射电辐射），典型值约为 10^{61} 尔格。这个值是贮藏在以接近光速运动的 10^7 个太阳质量中的能量，没有人能想象出为什么能够这样。

最近的射电星系，半人马座 A（NGC 5128）是一颗特殊的 E2 星系。它是本星系群以外天空中出现的最明亮的星系。它的视星等（V = 6.0）可与 M 33（V = 5.8）相比。它的距离为 4 百万秒差距。它最独特的显著特征是有一个狭窄的尘埃带横过它的表面。它有两个射电发射区延伸到 200 和 400 千秒差距，而且有较小的射电源，推测是新近从星系体内产生出来的。像许多较近的射电源一样，半人马座 A 也是一个 X 射电源。X 射线产生于星系的核中，在核里已经发现了一个非常小的（10 秒差距）射电源。

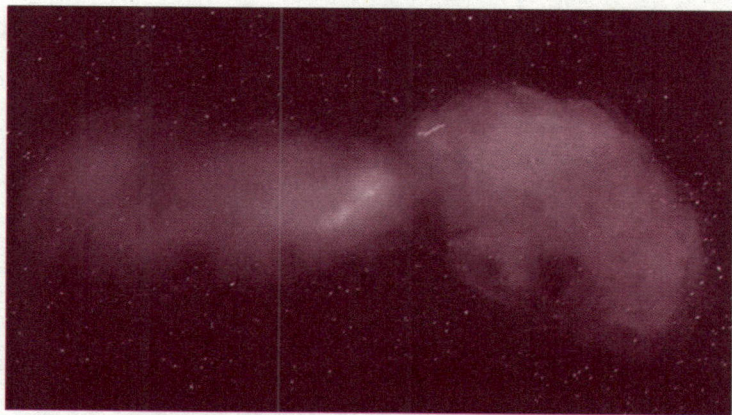

射电星系

射电星系对将哈勃关系推广到较大红移处是重要的。当它们实质上是亮星系时，它们在很远距离上仍能用光学望远镜看到。它们的射电辐射提供了一个挑选出它们以便进一步研究的方法，像 3C295 的情况一样；3C295 是已知的最远射电星系之一。正如我们以后将要看到的那样，许多较大红移星系就是用这种方法发现的射电星系。最大星系 3C123 红移 z = 0.637，它属于暗弱的射电星系。这里我们用红移 z 而不是像附近星系那样，简单地用 V，是因为这时速度接近光速，而 z 是这类大红移的更有效的表示方法。

知识点

视星等

视星等，是指人们用肉眼所看到的星等。无论是肉眼能看到的星星或者是用天文望远镜观测到的天体，发现其亮度都不尽相同，视星等只是表示宇宙中肉眼可见星星的亮度，因此，看来不突出的、不明亮的恒星，并不一定代表他们的发光本领差。

整个天空肉眼能见到的大约有 6000 多颗恒星。将肉眼可见的星分为 6 等。肉眼刚能看到的定为 6 等星，比 6 等亮一些的为 5 等，依此类推，亮星为 1 等，更亮的为 0 等以至负的星等。例如，太阳是 −26.8 等，满月的亮度是 −12.6 等，金星最亮时可达 −4.4 等。星等差 1 等，其亮度差 2.512 倍。1 等星的亮度恰好是 6 等星的 100 倍。

延伸阅读

核晕结构

核晕结构是主体为恒星状源，外围有晕，并向两个相反方向延伸，中心可能有几个致密子源组成的复合结构。例如室女座 A，中心有与光学源（M87）对应的双致密子源，外面由分布很广的射电发射区包围着。它最突出的光学特征是以每秒几万千米的高速从核抛射出亮的蓝色喷射物，长达 1.5 千秒差距。这些喷射物又是强的紫外线和 X 射线源，由几个高偏振的凝聚块组成。光学晕为 30 千秒差距，射电晕还要大。

宇宙中诸多的类星体

1960 年天文学家们在查对弱射电源，看看是否能从它们当中找到遥远的射电星系时，发现有些源显现出与恒星有联系。当精确的射电定位技术于 1963 年应用到若干类似恒星的天体时，才弄清楚原来有少数弥漫物质围绕着它们。其中之一叫 3C273，它呈现出有一个特殊的发光物质喷流从它伸出，很像射电星系 M 87 那样。此后不久发现了 3C273 具有 z = 0.158 的红移；如果我们承认哈勃的红移——距离关系对这些不平常的天体也一样有效，这就意味着它达到仅仅不及除目前已知的少数几颗最远的星系。类星射电源的名字被创造出来并且随即缩简为类星体。现在知道几百颗类星体，而且目前人们可以说，从它们的射电特性（谱、偏振和结构）判断，它们与射电星系是区别不开的。光学上它们都出现红移，而且大多数的红移显得比任何射电星系都大。

最初，类星体被认为可能是真正的恒星，它的红移或许大部分是引力性质的。类似于行星状星云那样，类星体光谱含有弥漫的发射线，从实验室研究判断热气体的密度一定很低。

引力红移

任何强到足以引起观察到的红移值的引力场必会将气体压缩，压缩量大为超过由谱线观测所得到的计算值。引力红移也将会引起比观察到的还要宽的谱线。因此这就强迫着天文学家用多普勒移动来解释这一现象。3C273 一定是用约为光速的15%的速度背离太阳而运动的。因此，虽然它们从光学上看来类似于恒星，但这些天体确实不是正规的恒星。

已测定了 250 颗类星体的红移。其中最小的是光速的3.6%。最大的是光速的91%；按这个速度讲该天体就会是置于宇宙边缘附近的。所有类星体都是红移的，并且像星系一样差不多都均匀地分布在天空。因为星系和星系团是另外唯一的一致地都红移的已知天体，所以假定类星体也像星系那样，认为它们的位置处于由它们的红移而通过哈勃关系所算出来的距离，这个推想似乎是合理的。这将把 3C273 置于 950 百万秒差距的距离上。它的本身亮度相当于 8×10^{12} 个太阳光度，或为最亮星系的 40 倍。最近发现其他类星体的亮度接近于 10^{14} 太阳光度。

3C273 以及大多数其他类星体，它们的光以几年甚至几个月的周期而变化。如果辐射源很大，它的光就不能迅速变化。因此在 3C273 的情况下，光源直径必须小于 1 秒差距。当它位于 950 百万秒差距的距离上时，这个大小相当于 0.0002 弧秒的角度——远小于光学望远镜所能测定的。但是用特殊的射电技术在 3C273 的中心测出了一个大约是这样大小的变化源。

来自 3C273 的可见辐射，其基本部分是同步加速辐射。没有人能想象出 40 倍于正常星系那样多的辐射竟可以产生于只具有小于正常星系体积的一万亿分之一大小的源内。无论其中有什么机制，如果类星体的距离不像它的红移所表明的那样大，能量的需要可大大地减小。因此，譬如 3C273 在 9.5 百万秒差距处，它的导出光度将减少 10000 倍，因而其能量的需要值也将相应地下降。这个假说将要求我们对这类天体放弃哈勃定律，只要没有另外的方法估计类星体的距离，它就是可以理解的。但这时需要对观察到的大红移进行一个新的解释。

目前正进行着许多努力另辟途径寻找类星体的距离。一方面，某些天文学家继续追求证明出类星体在天空中的位置明显地靠近其已知的比较近的星系。另一方面，确也发现了一系列的例子指明类星体看来是位于星系团内。星系呈现和类星体同样的红移，就表明类星体红移是在星系红移所指示的距离上。

知识点

恒　星

恒星是由炽热气体组成的，是能自己发光的球状或类球状天体。由于恒星离我们太远，不借助于特殊工具和方法，很难发现它们在天上的位置变化，因此古代人把它们认为是固定不动的星体。我们所处的太阳系的主星太阳就是一颗恒星。

延伸阅读

类星体是作为黑洞反面的"白洞"

与黑洞类似，白洞也有一个封闭的边界，聚集在白洞内部的物质，只可经边界向外运动，而不能反向运动。因此白洞可以向外部区域提供物质和能量，而不能吸收外部区域的任何物质和辐射。当白洞中心附近所聚集的超密态物质向外喷射时，就会与周围的物质发生猛烈碰撞，从而释放出巨大能量，这有可能就是类星体能量的来源。与反物质一样，白洞也只是一种理论模型，尚未被观测所证实，因而此说法也不具备说服力。

宇宙中的缝隙星系际空间

到目前为止，我们已讨论了宇宙中不同类型的星系和星系团。星系之间是什么至今还很少谈到。正常星系的大小在 30 千秒差距（0.03 百万秒差距）的数量级，平均相距约 6 百万秒差距，剩下那个叫作星系空间的体积是不是可以假定为完全真空，还是含有一定密度的物质呢？这个问题，甚至在广泛地探寻那种物质以后仍然没有得到解决，假定我们选取星系物质的被平摊开了的密度作为我们的指标，则它的意义就应该定为是在某一庞大体积中所有各个星系的总质量，被该体积除后所得的商数。这个标称密度算出来等于每 10 立方米中含有一个原子；这个数值相当于银河系中星际物质密度的 10^7 倍。

如果这种密度的物质在星系际空间中是以比几微米大而比恒星小的固态暗色天体的形式存在时，则我们没有希望用现有的技术来发现它们。但是如果它们是像我们在星际空间中所发现的星际气体和尘埃这类细微而分散的物质那

星际尘埃

样，则应该能够被观测到。

如果有像星际尘埃那样的星系际尘埃，则它将使远星系的光衰减并使大红移星系比正常的更暗淡、更红。确有人寻找这个效应，但没有找到。因此，尘埃的密度如果是以正常的尘埃微粒的比例形式在星系际空间展布着，其标称密度是比预料要小的。当然，会有各种各样的理由证明尘埃不能在星系际空间形成，所以这种说法实在没有什么道理可言。

可能有许多星系际氢，已通过氢所导致出现于类星体光谱中的吸收线，来探索 H I 的一般分布。但结果仍然是阴性的，上限较标称密度低得甚多（小于它的 1%）。

我们可以说星系际氢趋向于变成氚，因为在星系际空间密度极低的条件下氢原子一旦被电离，待其复合需要非常长的时间。可惜，探测氚的方法有些含糊不清。我们能寻找人们预想到要从热气体放出来的紫外和 X 射线辐射，并且确实已经发现了波长为 0.3 埃的 X 射线漫射辉光，它可能用处于温度为 3×10^{80} K，密度为 10 倍于标称密度，即 2×10^{30} 克每立方厘米的氚来解释。若这种解释正确，宇宙的主要成分应该是星系际气体而不是星系了。这将对于膨胀宇宙的理论和星系形成的理论有巨大的意义。遗憾的是这种解释不是唯一的，另外还需要更多的资料。

首次观测到星系之间存在有物质是 1974 年。当时 21 厘米射电观测表明巨大的氢气体云飘浮在玉夫座星系群靠近被称作 NGC55 和 NGC300 的星系之间。这些星系际云看来好像被拉开很长。现在我们知道，类似的被拉长的氢云连结着我们的近邻麦哲

玉夫座

伦云并且向空间延伸出几十万秒差距之远。资料似乎能说明星系际物质处于本超星系团平面上，很像星际氢基本上处于星系平面中那样。显然这些物质的存在对我们了解一般星系的演化具有重要意义，而且今后若干年内对它的研究将会加速步伐。

知识点

星系尘埃

星际尘埃是分散在星际气体中的固态小颗粒。根据星光的消光量可推断出这种消光物质大致是0.1微米半径的固体颗粒。星际尘埃质量密度估计约为气体密度的1%。或数密度为2000/km³。尘埃的物质可能是由硅酸盐、石墨晶粒以及水、甲烷等冰状物所组成的。

延伸阅读

星系际物质

星系间的气体和尘埃。密度 5×10^{30} 克/立方厘米（在星系团中心附近）到 2×10^{34} 克/立方厘米（在一般空间）之间。邻近的星系之间可构成物质桥，也可在星系团内组成隐匿物质或存在于星系团之间。星系际物质的研究对宇宙学和星系的演化研究有重要意义。

存在于星系与星系之间的气体和尘埃，它们有的聚集于两个互相邻近的星系之间，构成星系之间的物质桥；有的位于星系团内，组成星系团的隐匿物质；有的位于星系团之间，形成星系团际物质。星系际物质的气体成分可能是中性气体，也可能是电离气体。星系际物质也和星际物质一样具有消光效应。在一些星系际物质较密集的地方也会形成星系际暗云。目前已发现几个可能是星系际暗云的区域。星系际物质的研究对宇宙学和星系的演化都有极密切的关系。在宇宙学中，宇宙临界密度与宇宙总密度的比值决定空间的几何特征，而星系际物质在宇宙的总密度中占有一定的分量。在星系演化中，一些激扰星系可以抛出物质，进入星系际空间，形成星系际物质。星系际物质也可以为正常星系吸积，或形成新的星系。

形态各异的宇宙岛

宇宙岛和行星一样，在大小、形状和面貌上有很大的差异。宇宙岛在更广阔的空间上展示着它美丽的姿容。宇宙中存在着各种各样的宇宙岛，科学家根据多年的研究，按其形态的不同，把它们分为四类。

奇特的宇宙岛

第一类，是旋涡星系，哈勃用字母 S 表示，仙女座和银河系就属此类。这类星系的姿态和形状很美，观测它们能够让人赏心悦目。第二类，是棒旋星系（用 SB 表示）。第三类，是椭圆星系（用 E 表示）。第四类，是不规则星系（用 I 表示）。其中前三类星系占绝大多数。

宇宙岛似乎并不安分，它们不满足于"狭小"的活动范围，而纷纷向外出走。当一宇宙岛碰到另一宇宙岛时，虽然恒星撞恒星的机会很小，但是星际物质会彼此相互作用。

科学家对宇宙岛分类时，发现各类宇宙岛并不是彼此无关的。哈勃绘制出一张图，以说明椭圆星系与旋涡星系之间的过渡。对于这幅图的理解，人们阐发出对于宇宙岛的演化关系。

一些人认为，星系初为圆形，像普通星球一样，由于自转而变扁，扁平部分逐渐形成旋臂，旋臂又渐渐松散而消失。这说明，星系从椭圆星系经过旋涡星系最终变为不规则星系。但也有人持相反的观点，即星系从不规则星系开始，由于自转而获得对称的球状星系。也就是说，从不规则星系经过旋涡星系，最终形成椭圆星系。还有一部分人认为，星系变扁是因为旋转的缘故。

人们研究宇宙岛的时间很短，许多问题尚不清楚，因此，宇宙岛的演化过程还需要深入地再研究。

知识点

仙女座

仙女座是全天 88 星座之一，位于大熊座的下方，飞马座附近。仙女座因仙女座大星系 M31 而著名。

仙女座大星云的总星等为 4 等，单位面积的亮度平均为 6 等，晴朗无月的夜晚用肉眼依稀可见，像一小片白色的云雾。通过一架小型天文望远镜就能看出它那柔和的银白色椭圆形状。仙女座大星云是一个典型的旋涡星系，但是由于它是侧面朝向我们，所以不容易看出它的一条条的旋臂。通过口径大一些的天文望远镜，可以看出它的一些结构，比如它的核心特别明亮，并且越往中心部分越明亮，还可以看出一部分旋臂、黑色的尘埃线、球状星团和恒星云等。另外还可以看到它的两个矮星系伴侣，一个小的、呈圆形的、很密集的椭圆星系 M32 在 M31 核心的南面，另一个略微暗弱一点儿但比 M32 更大且长的椭圆星系 M110 在 M31 的西北边。还有许多银河系内的比较暗弱的恒星充满了这一天区，更为仙女座大星云增添了迷人的色彩。

延伸阅读

宇宙岛假说的证实

16 世纪末，意大利思想家布鲁诺推测恒星都是遥远的太阳，并提出了关于恒星世界结构的猜想。到了 18 世纪中叶，测定恒星视差的初步尝试表明，恒星确实是远方的太阳。这时，就有人开始研究恒星的空间分布和恒星系统的性质。1750 年英国人赖特为了解释银河的形态，即恒星在银河方向的密集现象，就假设天上所有的天体共同组成一个扁平的系统，形状如磨盘，太阳是其中的一员。这就是最早提出的银河系概念。在赖特和康德前后，还有斯维登堡和朗伯特等人，都发表了同样的见解。可是，当时人们把河内星云（即银河星云）和河外星云（即星系）都当作星系，而且对银河系本身的大小和形状也没有正确的认识。因此，宇宙岛这个假说在 170 年间有时被承认，有时被否定；直到 1924 年前后，测定了仙女星系等的距离，确凿无疑地证明在银河系之外还有其他的与银河系相当的恒星系统，宇宙岛假说才得到证实。

在星际中游荡的有机分子

古希腊人遵循着这样的一个信条：自然界不喜欢真空。这样的说法还真有几分道理，以银河系为例：银河系质量相当于 2000 亿个太阳的质量。但平均密度为每立方厘米 10^{-24} 克。尽管比实验室的高真空还要高几十亿倍，但还是有物质的。

希腊哲学家亚里士多德认为，太空中的物质构成与地球的物质构成是不一样的，它充满一种没有重量的粒子。遗憾的是，他搞错了。

1837 年，人们从一些恒星上看到分子和离子的图谱。恒星上的温度很高，并不具备这些分子的生存环境。为什么在恒星却能观测到这些分子的谱线呢？原来这些散落在太空中的气体和尘埃载着这些分子，当恒星光线穿过时，在仪器上形成了一种"吸收线"。这是首次观测到的星际空间的分子。

尽管观测到了有机分子，但光学

亚里士多德

射电望远镜

望远镜还是很难见到它们，射电望远镜改善了观测的条件。1963 年，射电天文学家观测到 OH（羟基）。这引起天文学家们极大的热情。但真正的突破是 1968 年，美国著名科学家汤斯等人发现，在银心区（人马座）的星际云中发现了氨和水的分子。此后人们发现了很多有机分子，其中美国贝尔实验室科学家做出了重要贡献。

有些分子的质量并不小，例如，在人马座中发现的乙醇（酒精）含量很多，以至于远远超过了人类酿造量的总和。在猎户座一团新生恒星周围发现了大量的一氧化碳（煤气），它的质量是太阳质量的 100 倍还多。

现在，宇宙中发现的分子物质近 100 种了，分子结构也都不复杂，差不多都可以在实验室中得到。但是，在星际空间他们是如何生成的？如何存在的？这至今仍是一个谜团。

特别是 1969 年，科学家分析了一块落在澳大利亚的陨石的化学成分，发现了 10 多种氨基酸物质。而利用所发现的星际分子物质合成氨基酸的条件是具备的，但其他条件是哪里来的？这

陨石坑

还需要进一步的研究。

知识点

人马座

　　人马座（又名射手座），黄道星座之一。中心位置：赤经 19 时 0 分，赤纬 –28°。在蛇夫座之东，摩羯座之西。位于银河最亮部分。银河系中心就在人马座方向。座内有亮于 4 等的星 20 颗。弥漫星云 M8 肉眼可见。

　　银河系的中心位于人马座，虽然银心被人马臂上的星云和尘埃带所遮挡，但是人马座的银河仍是非常浓密，中间还有很多明亮的星团和星云。这个星座中的天体主要是银河深处的宇宙天体，包括发射星云和暗星云，疏散星团和球状星团以及行星状星云。人马座有多达 15 个梅西叶天体——这是所有星座中最多的。其中很多用双筒望远镜就可以观测到。与银河系中心有关的人马座 A 是一个复杂的无线电源，天文学家相信它或许包含了一个超大质量的黑洞。

延伸阅读

星际分子研究

　　星际有机分子的研究是三大基础理论（天体演化、生命起源与物质结构）研究的一个重要交叉点。地球到底是不是宇宙中唯一存在高级生命的天体，这个问题是不能轻易地下结论的。因而需要深入研究各种类型的星际有机分子，去获取更多与更可靠的宇宙信息。

　　星际有机分子和类星体、脉冲星、宇宙微波背景辐射构成了 20 世纪 60 年代天文学的四大发现。加拿大河茨拜格天体物理研究所的学者们在金牛座的星际云中发现了一种有 9 个原子的有机分子，分子式为 HC_7N，分子量达 99。这种含有长碳链的直链分子，结构比较复杂，接近于有机化合物，至今（2010年），地球上天然化合物中尚没有发现它的存在。

后来，英国化学家克罗托等人在 1977 年 5 月用人工方法合成了它。后来，加拿大阿尔贡天文台报道，又发现了一种有 11 个原子的星际分子氰基辛炔 HC_9N。结构式为：$HC \equiv C - C \equiv C - C \equiv C - C \equiv C - C \equiv N$。这是人类所发现的最重的星际有机分子，它的分子量已达到 123。当然，随着科学的发展，星际有机分子的记录还会不断刷新。

茫茫宇宙"牛奶路"

夏夜的晴空，银河高悬，像一条天上的河流，故此有"天河"、"河汉"之称。西方人称它为"牛奶路"。在中国境内，可以看到银河从天蝎座开始，经人马座特别明亮的部分，达盾牌座而止。

银河那烟霭茫茫的景像引起诗人无穷的遐想，但是天文学家却一直难见其庐山真面目。17 世纪以来，伽利略首先用望远镜观察这条牛奶路。他发现，这是一个恒星密集的区域。后来英国人赖特提出了银河系的猜想，并具体描绘出了银河系形状。他假定，银河系像个"透镜"，连同太阳系在内的众星位于其中。

18 世纪，英国天文学家赫歇尔父子对赖特的猜想进行了验证。他们发现，银河系中心处恒星很多，而离中心越远星越少。他们的观测表明，银河系确是一个恒星体系，并且其范围是有限的，太阳靠近银河系中心。他们的测量表明，银河系可容 3 亿颗恒星，其直径为 8000 光年，厚 1500

人马座方向的银河

光年。

对银河系的测定延续到 20 世纪。荷兰天文学家卡普亭的观测证实了赫歇尔关于银河系形状的观察。1906 年，他估计银河系直径为 23 000 光年、厚 6000 光年；1920 年，他又测得数据为 55 000 光年、11 000 光年。

银心中的半人马座

1915 年，美国天文学家卡普利研究了许多球状星团的变星，发现太阳并不在银河系中心，而距中心约 5 万光年并朝向人马座，银河系范围有 30 万光年。卡普利把太阳赶下银河系中心的宝座，像哥白尼把地球赶下宇宙（太阳系）中心一样。

20 世纪 80 年代，银河系数据是，质量相当 2000 亿个太阳质量，直径 8 万光年、厚 2000 光年，太阳距银河系中心距离为 2.5 万光年。

除了银河系主体之外，20 世纪 70 年代，人们发现银河系是镶嵌在硕大无比的异常低密度的星系冕——银冕之中。天文学家从理论上论证了银冕的存在，这是由于银河系吸引仙女座星系以每秒 300 千米的速度向我们奔来。这就要求银河系质量至少不低于 10 000 亿个太阳质量，进而说明，银河系至少应存在一个至少延伸到 80 000 光年以外的星系冕。现在对银冕的边缘是一个有极大争议的问题。

知识点 ▸▸▸▸▸

伽利略

　　意大利物理学家、天文学家和哲学家，近代实验科学的先驱者。其成就包括改进望远镜和其所带来的天文观测，以及支持哥白尼的日心说。当时，人们争相传颂："哥伦布发现了新大陆，伽利略发现了新宇宙。"今天，史蒂芬·霍金说:"自然科学的诞生要归功于伽利略,他这方面的功劳大概无人能及。"

延伸阅读

宇宙星系全景

银河系在天空上的投影像一条流淌在天上闪闪发光的河流一样,所以古称银河或天河,一年四季都可以看到银河,只不过夏秋之交看到了银河最明亮壮观的部分。银河经过的主要星座有:天鹅座、天鹰座、狐狸座、天箭座、蛇夫座、盾牌座、人马座、天蝎座、天坛府、矩尺座、豺狼座、南三角座、圆规座、苍蝇座、南十字座、船帆座、船尾座、麒麟座、猎户座、金牛座、双子座、御夫座、英仙座、仙后座和蝎虎座。银河在天空明暗不一,宽窄不等。最窄只 $4° \sim 5°$,最宽约 $30°$。对北半球来说作为夏季星空的重要标志,是从北偏东地平线向南方地平线延伸的光带——银河,以及由 3 颗亮星,即银河两岸的织女星、牛郎星和银河之中的天津四所构成的"夏季大三角"。夏季的银河由天蝎座东侧向北伸展,横贯天空,气势磅礴,极为壮美,但只能在没有灯光干扰的野外(极限可视星等 5.5 以上)才能欣赏到。冬季的那边银河很暗淡(在猎户座与大犬座)。2009 年 12 月 5 日美国发表了绘制的最新红外银河系全景图,该图像是由 80 万张斯皮策太空望远镜拍摄的图片拼凑而成的,全长 37 米。

可怕而神秘的黑洞

晴朗的夜晚人们遥望星空,那些亮晶晶的小星星看起来没有什么特别,它们存在的唯一证明只是它们的明亮。然而还有不发出亮光的星体,它们的意义更为重大。美国宇航局曾经发射了高能的天文观测系统,研究太空中看不见的光线。在发回的 X 射线宇宙照片中,最惊人的一幕是那些从前认为"消失"

了的星体依旧放出强烈的宇宙射线，远甚于太阳这样的恒星体。这证明了长久以来一个怪异的设想：宇宙中存在着看不见的"黑洞"。

黑洞

黑洞的性质不能用常规的观念来思考，但是它的原理中学生都可以接受。黑洞形成的必要条件就是：一个巨大的物体，集中在一个极小的范围。晚期的恒星恰巧具备了这个条件。当恒星能量衰竭时，高温的火焰不能抵消自身重力，逐渐向内聚合，原子收缩——牛顿法则起作用了：恒星进入白矮星阶段，体积变小，亮度惊人。白矮星进一步内聚，最后突然变成一个点，整个过程不到一秒。在我们看来，恒星消失了，一个黑洞诞生了。

一个像太阳这样大的恒星自身引力如此之大，可能最终收缩成一个高尔夫球，甚至"什么都没有"。由于无限大的密度，崩坍了的星体具有不可思议的引力，附近的物质都可能被吸进去，甚至光线都不能逃脱——这是看不见它的原因。这个深不可测的洞，就被称为"黑洞"。科学家们相信大多数星系的中心都有黑洞，包

太阳

括我们身在其中的银河系。根据相对论，90%的宇宙都消失在黑洞里。所以一种更令人吃惊的说法是："无限的黑洞乃是宇宙本身。"

黑洞里面有什么？只能从理论上推测。假如一位勇敢的人驾驶飞船奔向黑洞，他感觉到的第一件事就是无情的引力。从窗口望出去是周围星光衬托下一个平底锅似的圆盘，走得更近了，远方似乎宽广的"地平线"发出 X 光，包围着深不可测的黑洞。光线在附近扭曲，形成一个光环。这时宇航员要返航已

来不及了，双脚引着他向黑洞中心飞去，头和脚之间巨大的引力差使他如同受刑，远在"地平线"以外4800千米，引力就把他撕碎了。

那么，怎么才能在无际的太空中发现黑洞呢？天文学家利用光学望远镜和X射线观察装置密切地注视着几十个"双子"星座，它们的特别之处在于两个恒星大小相等，谁都不能俘获谁，因而互为轨道运转。如果其中一颗恒星发生不规则的轨道变化，亮度降低或消失，就有可能是因为附近产生了黑洞。

人类为探索黑洞付出了不懈的努力。最为成功的一次是在肯尼亚发射的第一颗X射线卫星观测系统，被称作"乌胡鲁"，这个装置在发射后运行3个月就发现了天鹅星座的异常。天鹅座X－X－1星发出的"无线电波"使得人们可以准确地测定它

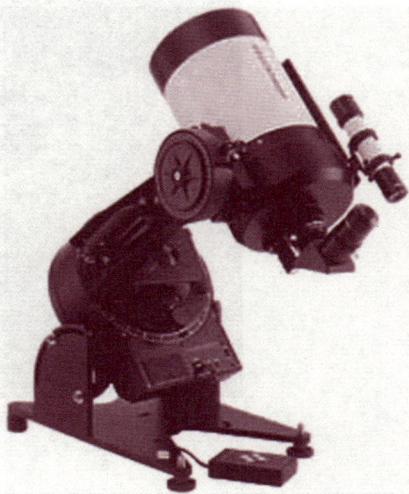

光学望远镜

的位置。天鹅座X－X－1比太阳大20倍，离地球8000光年。研究表明这颗亮星的轨道发生了改变，原因在于它的看不见的邻居——一个有太阳5～10倍大的黑洞，围绕X－X－1旋转的周期是5天，它们之间的距离是1300万英里（812.5公里）。这是人类发现的最早的一个黑洞。

自从哥白尼和伽利略以来，还没有一个关于宇宙的理论具有如此的革命性。黑洞的普遍性一旦被证实，那么"宇宙不仅比我们所想象的神秘，而且比我们所能想象的还要神秘"。我们知道宇宙处于不断的扩张中，这是"宇宙核"初始爆炸的结果，宇宙核仍是一切物质的来源。当那里的物质越来越稀薄时，宇宙是否停止扩张？天体的巨大引力是否最终引起宇宙收缩？相对论回答：是

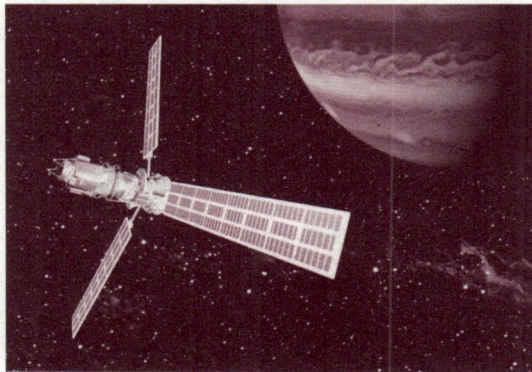

人造卫星

可怕的黑洞

的。黑洞的存在部分地证实了它的预言。即使宇宙不会消失在一个黑洞中，也可能会消失在几百万个黑洞中。

▶▶ 知识点 ▷▷▷▷▷

X 射线

　　波长介于紫外线和 γ 射线间的电磁辐射。X 射线是一种波长很短的电磁辐射，其波长约为 $(0.06 \sim 20) \times 10^{-8}$ 厘米之间。由德国物理学家 W. K. 伦琴于 1895 年发现，故又称伦琴射线。伦琴射线具有很高的穿透本领，能透过许多对可见光不透明的物质，如墨纸、木料等。这种肉眼看不见的射线可以使很多固体材料发生可见的荧光，使照相底片感光以及空气电离等效应，波长越短的 X 射线能量越大，叫做硬 X 射线，波长长的 X 射线能量较低，称为软 X 射线。波长小于 0.1 埃的称超硬 X 射线，在 0.1 ~ 1 埃范围内的称硬 X 射线，1 ~ 10 埃范围内的称软 X 射线。

延伸阅读

黑洞炸弹

2001 年 1 月，英国圣安德鲁大学著名理论物理科学家乌尔夫·利昂哈特宣布他和其他英国科研人员将在实验室中制造出一个黑洞，当时没有人对此感到惊讶。然而俄《真理报》日前披露俄罗斯科学家的预言：黑洞不仅可以在实验室中制造出来，而且 50 年后，具有巨大能量的"黑洞炸弹"将使如今人类谈虎色变的"原子弹"也相形见绌。

人造黑洞的设想由威廉·昂鲁教授提出，他认为声波在流体中的表现与光在黑洞中的表现非常相似，如果使流体的速度超过音速，那么事实上就已经在该流体中建立了一个人造黑洞现象。但利昂哈特博士打算制造的人造黑洞由于缺乏足够的引力，除了光线外，无法像真正的黑洞那样"吞下周围的所有东西"。

俄罗斯科学家亚力克山大·特罗菲蒙科认为，能吞噬万物的真正宇宙黑洞也完全可以通过实验室"制造出来"：一个原子核大小的黑洞，它的能量将超过一家核工厂。如果人类有一天真的制造出黑洞炸弹，那么一颗黑洞炸弹爆炸后产生的能量，将相当于数颗原子弹同时爆炸，它至少可以造成 10 亿人死亡。

脉冲星和黑洞

1967 年，射电望远镜观测到一种奇妙的天体。它发出的射电波是周期性的脉冲，好像脉搏有规则的搏动，因此叫作脉冲星。脉冲的周期很短，只有 1/30 秒到 4 秒左右，脉冲形状十分尖锐，也就是说，脉冲辐射到达的时候很强，脉冲过后便几乎没有辐射，好像有人隔一会按一下手电筒。

脉冲星的发现使人惊讶不已。它和任何已知的变光天体都不同：辐射强度不是连续变化的，而且周期极短。这用通常的变星的道理完全不能解释，既不可能是双源的掩食，也不可能是体积的脉动。

为什么周期这么短？为什么亮暗这么鲜明？天文学家和物理学家纷纷从各种不同角度来探寻这种古怪的脉冲的来历。人们很快就想到了理论所预言的中子星。

我们知道，中子星是具有高密度、强磁场的快速自转的天体。显然，快速自转可能是造成短周期辐射变化的原因，如果从中子星的性质能说明脉冲辐射的来历，就可以相信脉冲星就是中子星了。人们果然很容易地做到了这一点。

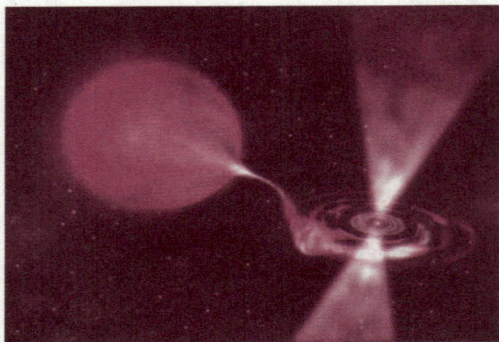

脉冲星

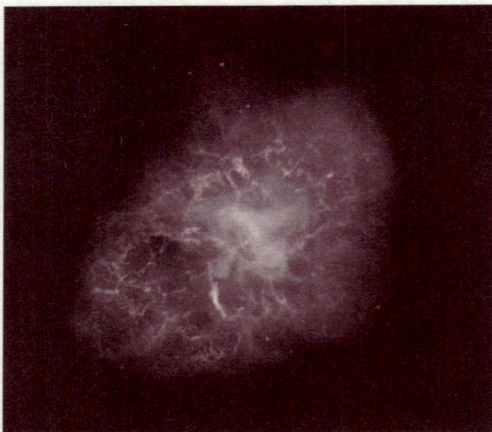

中子星

中子星的表面，密度并不像内部一样大，在那里，并非所有的电子和质子都变成了中子。磁极附近的电子和质子便会受到磁场的作用得到加速度，向外抛出，做螺旋式的运动。就像在研究高能物理中使用的同步加速器里的情况一样，带电粒子做回旋加速运动的时候要辐射电磁波，叫作同步加速辐射。在磁极加速的粒子发出的辐射只能沿磁轴方向传播，因此只有观测者正对着中子星磁极的时候才能接受到它的辐射。由于中子星磁极和自转极不重合，自转的时候磁极也不断转动，从中发出的同步加速辐射便像探照灯似的扫过天空，被扫到的地方便看到它的"光"，扫过以后又归于黑暗。中子星不断旋转，每转一次，观测者被扫到一次，接受到一个脉冲，所以我们观测到短周期脉冲辐射。脉冲星的秘密便基本上揭晓了。

进一步说明脉冲星就是快速自转的磁中子星应该归功于我们前面提到过的我国古代的一项发现。

公元 1054 年（宋至和元年），我国天文学家杨惟德观测到一颗极亮的"客星"。根据当时对这颗客星的位置、亮度，出现和消没的时间的详细记录，我们可以肯定这是一颗超新星爆发现象。超新星抛射出来的气体在它的周围形成一团弥漫的星云，这就是著名的蟹状星云，至今都还可以观测到气体在以很高的速度向四处飞散。

1054 年超新星的记录提供了极有价值的资料。因为脉冲周期最短的脉冲星 NP0532 正好在这颗超新星的位置上。这就说明了这颗脉冲星是 1054 年超新星爆发以后的残骸——中子星。

脉冲星的周期是逐渐加长的，把它现在的周期除以单位时间周期变化量，可以近似地得到它在周期几乎是零的时间，也就是说可以从周期变化率反推出脉冲星的年龄。计算结果，NP 0532 的年龄是一千年左右，而超新星爆发九百多年了，对于往往以万年或亿年计算的天体演化问题来说，两者可以说是十分精确地相符的。

根据这些理由，脉冲星已经被公认是理论预言的中子星。脉冲星被证实是中子星，这是观测技术发展的巨大成就，也是理论思维的胜利，这一发现使观测和理论方面的天体物理学家都受到了极大的鼓舞。

黑洞，是和中子星按同一理论体系同时预言的恒星演化的另一归宿。既然通过观测发现了中子星，证明这一理论预言的正确性，那么，为什么不能找到黑洞呢？中子星的存在使理论预言后搁置了三十年的黑洞问题被重新提到日程上来了。不过，既然是黑洞，它就不会发出任何可见光和射电波，怎么能观测它呢？这的确是一个难题。但是人类的思维是极其开阔的，人们在这个难题面前没有止步。一个事物既然存在，就会对周围的事物发生影响，就会有踪迹可追，有线索可察。

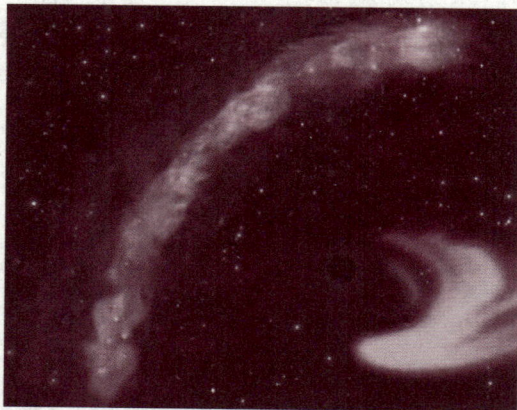

被黑洞吞噬的恒星

如果黑洞附近还有另一个可以看见的天体同它构成一对双星，可见星必定同它互相围绕着旋转，那么在可见星的光谱里谱线就要出现周期性的位移。于是，如果我们从天体光谱线的变化找出了这样的双星，但是又只观测到一颗星的光谱，就可以推断它有一个看不见的伴侣。从谱线变化还能解出可见星的轨道，算出它的伴星的质量，根据质量还可以算出它作为一颗正常的星所应有的亮度。如果看不见的伴星的质量大于三个太阳，达到了黑洞质量的下限，而它的亮度又应该大到足以观察到，那么就可以肯定它不是正常星而是黑洞。

另外，一般恒星都在不停地向外抛射物质。对于黑洞双星，可见星抛射的物质中有一部分应该在黑洞的引力作用下沿螺线进入黑洞，因此可见星不断抛出的物质在黑洞周围形成吸积盘。越靠近黑洞，物质运动速度越快，因此吸积盘中内外速度相差很大，气体物质之间发生强烈的摩擦，温度升到很高。在离黑洞大约 300 千米的地方，气体温度升到 100 万度，到达 100 千米以内就要升到 1000 万度以上，在这样高温下物质就要发射强烈的 X 射线。

于是，我们可以希望从具有大质量的有不可见伴星的 X 射线双星中找到黑洞。1970 年底，X 射线天文卫星发射以后，发现了大量 X 射线源。天文学家进行了细致的工作，排除了一些似是而非的对象，从这些 X 射线源中选出了一些"候选人"。

X 射线源天鹅座 X－1 是一个最可能"当选"的对象。它所对应的可见天体 HDE226 868 是双星的一员，有个看不见的伴星，质量是太阳质量的 8 倍。

天鹅座

它的许多特点只有用黑洞才能比较自然地说明，因此很多天文学家认为它就是黑洞。

但是，这样重大的一个问题，不能草率做结论。天文学家还在寻找更充分的证据。如果肯定地发现了黑洞，在天文学和物理学中将要引起强烈的反应，许多新的问题将要发生。按照现在的黑洞理论，一个超重恒星在演化最后阶段坍缩成为黑洞。因为只有极强的引力而没有压力和它对抗，这种收缩便要无休止地进行下去。

何处是收缩的终点？何时是收缩的完结？按照现有理论，收缩是无限的，无限收缩的结果将使这个星球的中心出现一个体积无限小、密度无限大、压力无限大的所谓"奇点"。

奇点，在物理学上是不可能存在的。所以黑洞理论有问题。现有的理论是按广义相对论推出来的，但是每一种理论都有它的适用范围，怎么能够做无限的外推呢？星体坍缩的时候密度趋向极高，到一定时候物质状态的变化会不会形成新的什么作用来抵抗引力收缩呢？然而我们现在对超高密度物质应该遵守的物理定律还很不清楚，只是把一般高温下的物态定律简单地搬到超高温去用。问题也许出在这些地方。

简单的模型会导致某种错误的结果，这种错误使人想到更深入的问题，这就会揭示出事物的矛盾，而成为正确的先导。

奇点并不可怕，它正是我们深入研究的起点。

从观测上寻找黑洞，从理论上研究黑洞，成为当前天体物理学家最热衷的事业之一。

知识点

密度

在物理学中，把某种物质单位体积的质量叫作这种物质的密度。符号 P。国际单位为千克/米^3，常用单位还有克/厘米^3。其数学表达式为 $P = m/V$。

延伸阅读

15 岁女生发现新脉冲星

一名西维吉尼亚的高中学生，使用来自绿湾射电天文望远镜（Robert C. Byrd Green Bank Telescope，简写 GBT）的数据，发现了一个新脉冲星。谢伊·

布洛克斯顿，15 岁，参与了一个让学生分析射电望远镜数据的项目，于 2009 年 10 月 15 日发现了一个可能是脉冲星的天体。她和 NRAO 天文台的天文学家在一个月后再次观察了该天体，证实它确实是一颗脉冲星。布洛克斯顿十分高兴，她在 11 月份前往绿湾，参加跟踪观察。她所参与的项目叫 Pulsar Search Collaboratory（PSC），是美国国家射电天文台和西维吉尼亚大学的联合项目。科学家首次发现脉冲星是在 1967 年。后来，另一名来自南哈里森高中的西维吉尼亚学生，也在参与 PSC 项目时发现了一个类似脉冲星的天体。

捉摸不定的宇宙暗物质

宇宙的一个最基本属性就是它的物质性。肉眼可以看到许多星体，利用探测装置还能发现更多的星体。可是，宇宙物质到底有多少呢？换句话说，宇宙到底有多重呢？

20 世纪 30 年代，瑞士天文学家兹威基测量星系团质量，他使用两种方法来测量。二者测量结果的差距很大，相差约 400 倍。他把看不到的物质称作"下落不明的物质"，也有人称作"隐匿物质"、"短缺物质"、"失踪物质"、"不可视物质"、"暗物质"。尽管许多人怀疑它的存在性，但随着时间的推移，在 20 世纪 70 年代的时候，人们还是初步证实了它是存在的。

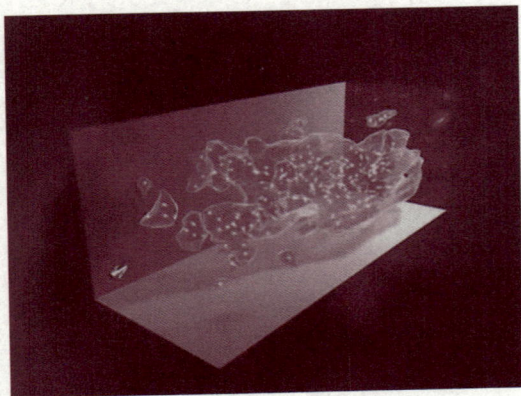

宇宙暗物质

宇宙可见物质太少，所以宇宙中没有引力将天体束缚在一起，为此暗物质在某种程度上决定着宇宙的命运。一般来说，暗物质占了宇宙物质的大部分，有些科学家认为能占到 90%。但是，由于人们还不知道它的"庐山真面目"，对于它的真实身份也有了诸多的猜测。许多科学家认为，它是气体、尘埃、死星等，但是都得到了否定。

人们猜测，暗物质可能是某种"微子"或"宇宙子"，如中微子、光微子、引力微子、轴子、磁单极子、夸克等，人们很难见到它们的真面目；还有可能是它们离地球太远、辐射的信号太弱，导致了人们无法探知它们的面目。

有的科学家以银河系周围的暗物质为例，它们不能被银河系的引力所束缚，这说明它们的质量应很大。人们猜测其中的暗物质可能是引力微子或光微子。

尽管人们发现，暗物质对各种发光的天体系统有较大影响，但是证明它存在的证据并不是重量级的。

美国贝尔实验室的泰森小组利用自动识别软件处理了27802个样品，发现银河系大质量的晕

贝尔实验室总部

并非由暗物质构成。以色列天文学家则引入一种新理论说明暗物质的不存在，但这也难被天文学家所接受。

现在，多数天文学家认为暗物质是存在的，科学家泰森在1992年的报告中，证明星系团中大部分质量是暗物质。特别是"哈勃望远镜"发现某星团暗物质为可见物质量的50~100倍。但暗物质到底是什么东西呢？是如何分布的？如何对其探测？至今仍是值得探索的课题。

知识点

夸 克

20世纪60年代，美国物理学家默里·盖尔曼和G.茨威格各自独立提出了中子、质子这一类强子是由更基本的单元——夸克（quark）组成的，很多中国物理学家称其为"层子"，在台湾亦曾翻译"亏子"，但并不普遍使用。"夸克"一词是由默里·盖尔曼改编自詹姆斯·乔伊斯的小说《芬尼根守灵夜》中的诗句："向麦克老大三呼夸克。"

贝尔电话实验室

贝尔电话实验室或贝尔实验室，最初是贝尔系统内从事包括电话交换机、电话电缆、半导体等与电信相关技术的研究开发机构。贝尔实验室是公认的当今通信界最具创造性的研发机构，在全球拥有一万多名科学家和工程师，为朗讯科技公司及朗讯客户提供高技术的服务与支持。

1925 年 1 月 1 日，当时 AT&T 总裁，华特·基佛德（Walter Gifford）收购了西方电子公司的研究部门，成立一个叫作"贝尔电话实验室公司"的独立实体，后改称贝尔实验室。AT&T 和西方电子各拥有该公司的 50% 的股权。今天，它是朗讯科技公司的研究开发部门。贝尔实验室承担的任务是提供技术以创建世界上最先进的电信系统。贝尔实验室自成立以来共推出 27 000 多项专利，现在平均每个工作日推出 4 项专利。在 20 世纪 20～30 年代，贝尔实验室的研究人员推出了远距离电视传输和数字计算机，领导了有声电影和人工喉的开发。两项信息时代的重要发明晶体管和信息论都是贝尔实验室在 40 年代研究出来的。贝尔实验室在 50 和 60 年代的重大发明有太阳能电池、激光的理论和通信卫星。

影子世界的秘密

在生活中，人们常能见到对称现象，如蝴蝶的双翅、对联等。此外，在自然界中还存在一种超对称现象，这种性质要求有寻常物质（夸克、轻子……）之外，还要有"影子物质"（如影子夸克、影子轻子……）。寻常物质构成我们所处的寻常世界，而影子物质构成我们尚未找到的影子世界。

在我们的宇宙中，有些星系是寻常物质构成的，有些星系则是影子物质构成的，但两类星系可同处一个星系团。遗憾的是，我们尚不知影子星系的具体情况。对于太阳系来说，寻常物质占据着绝大部分比例。以太阳为例，理论上

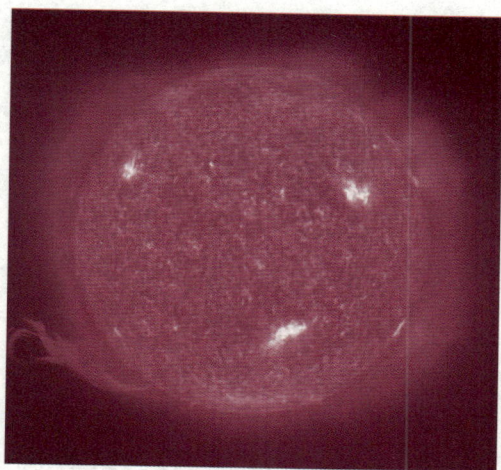

红彤彤的太阳

只允许它的影子物质占 1‰，而地球的影子物质可占到 10%。有人想测量这 10% 的影子物质是什么样的，具体的办法是：在地球上通过地震方法测出地球密度，进而算出地球质量；在卫星上推导出包括影子物质在内的地球总质量，理论上预计，二者差不大于 1/10。

曾经有人预言，太阳是一个双星系统，通俗地讲，就是太阳应该还有一个伴星，甚至还为此起了名字——复仇女神。但是人们找不到它，为此有人认为它可能是影子物质构成的恒星。

影子物质构成的世界同我们的现实世界处在同等地位上，它在太阳系尺度上或星系尺度上的影子恒星系要按照它固有的规律演化，它应有可能演变到与我们世界对等的水平上。

影子世界是否真实地存在？我们该怎样验证它的存在呢？特别是影子世界的文明程度，如果同我们的文明程度不相上下，我们怎么同他们联络呢？现在的通信工具是不行的，可能要用引力波进行联络，因此要研制出非常灵敏的引力波收发报机。然而，现在还未探测到引力波的信号，用引力波进行联络还处于纸上谈兵的阶段。

科学家很注重对引力波的探测，特别是，如果能进行像超新星爆发时产生的引力波实验。同时又摒弃其他形式的波，那就可能是影子世界传来的信息。

但愿影子世界是真实的，如果能成功地同影子世界取得联络，可能会使现实世界更丰富多彩。

引力波实验室

知识点

超新星爆炸

　　根据现在的认识，超新星爆炸事件就是一颗大质量恒星的"暴死"。对于大质量的恒星，如质量大于8倍太阳质量的恒星，由于质量巨大，在它们演化到后期时，当核心区硅聚变产物积攒到一定程度时，往往会发生大规模的爆炸。这种爆炸就是超新星爆炸。现已证明：1572年和1604年的新星都属于超新星。在银河系和许多河外星系中都已经观测到了超新星，总数达到数百颗。可是在历史上，人们用肉眼直接观测到并记录下来的超新星，却只有6颗。

延伸阅读

超对称粒子

　　影子世界又叫超对称粒子。

　　在粒子物理学里，超对称粒子或超伴子是一种以超对称联系到另一种较常见粒子的粒子。在这一物理理论中，每种费米子都应有一种玻色子"拍档"（费米子的超对称粒子），反之亦然。没有"破缺"的超对称预测：一颗粒子和其超对称粒子都应有完全相同的质量。至今仍然没有标准模型粒子的超对称粒子被发现。这可能表示超对称理论是错误的，或超对称并不是一种"不破"的对称性。如果超对称粒子被发现，其质量会决定超对称破裂时的尺度。

　　就实标量的粒子（如轴子）而言，它们有一个费米子超对称粒子，也有一个实标量场。

　　在延伸的超对称里，一种特定粒子可能会有多于一个超对称粒子。例如，在四维空间里，一个光子会有两个费米超对称粒子和一个标量超对称粒子。

在零维的情况下（常被称作矩阵力学），有可能存在超对称，但没有超对称粒子。然而，这只有在当超对称性不包含超对称粒子的情况下才成立。

宇宙岛组成的"长城"

宇宙中的岛屿多达几十亿个，这些宇宙岛分布在宇宙的各个角落。

21世纪50年代以来，随着科技的进步，人们逐渐地发现了越来越多的星系和星系团。1953年，德伏古勒分析了亮星系的分布情况，提出了超星系团的概念，也称作二级星系团。他认为，本超星系团直径约2500万光年，由本星系群、室女星系团、后发星系团及一些小的星系群和星系团构成。后来，阿贝尔指出，约有50个超星系团，每个超星系团约含有10个星系团。因此，超星系团呈扁长形状，直径大概在2~3亿光年之间。这种超星系团可能普遍存在着自转。

超星系团的观测在1985年取得重要进展。这一年夏天，巴黎大学研究生拉帕伦特在美国史密森天体物理中心借助一架60英寸（150厘米）的望远镜绘制了一张图。这张图绘制成功后，拉帕伦特发现星系散布得有些不同寻常。他请教了老师盖勒和哈克拉之后，发现星系排列在非常薄、非常有限的表面上，这表面包裹着不同寻常的、泡泡之类的空洞，其直径竟有2亿光年。后来，人们的研究进一步证实，这

普林斯顿大学

是一个已知的宇宙的最大结构，这一片星系层长约5亿光年，高2亿光年，宽0.15亿光年。天文学家们为它起了一个形象的名字——"长城"。

天文学家们一直致力于研究这座"长城"。美国普林斯顿大学和芝加哥大学的三位研究人员认为，宇宙既不是由暗物质构成的，也是不由星系之间的空

洞构成的，而是由一个巨大的超星系团和一个巨大空洞构成的。另一些天文学家不同意这种解释，但是也承认超星系团的存在。甚至有些天文学家认为存在比超星系团更大的星系组合，即第三级星系团。这种阶梯式的成团结构是否真的能存在呢？这还要靠进一步的观测给出答案。

现在，对于宇宙"长城"的研究还只是刚刚开始，正如盖勒所说，现在的研究才是刚刚入门，这好比是标绘出地球表面的一个岛，深层次的奥秘还要进一步地探索下去。

◢ 知识点 ▶▶▶▶▶

阿贝尔

翻开近代数学的教科书和专门著作，阿贝尔这个名字是屡见不鲜的：阿贝尔积分、阿贝尔函数、阿贝尔积分方程、阿贝尔群、阿贝尔级数、阿贝尔部分和公式、阿贝尔基本定理、阿贝尔极限定理、阿贝尔可和性等等。只有很少几个数学家能使自己的名字同近代数学中这么多的概念和定理联系在一起。然而这位卓越的数学家却是一个命途多舛的早天者，只活了短短的27年。尤其可悲的是，在他生前，社会并没有给他的才能和成果予以公正的认可。

延伸阅读

人和宇宙

从20世纪60年代开始，由于人择原理的提出和讨论，出现了人类存在和宇宙产生的关系问题。人择原理认为，可能存在许多具有不同物理参数和初始条件的宇宙，但只有物理参数和初始条件取特定值的宇宙才能演化出人类，因此我们只能看到一种允许人类存在的宇宙。人择原理用人类的存在去约束过去可能有的初始条件和物理定律，减少它们的任意性，使一些宇宙学现象得到解释，这在科学方法论上有一定的意义。但有人提出，宇宙的产生依赖于作为观测者的人类的存在。这种观点值得商榷。现在根据爆炸模型，那些被传统大爆炸模型作为初始条件的状态，有可能从极早期宇宙的演化中产生出来，而且宇宙的演化几乎变得与初始条件的一些细节无关。这样就使上述那种利用初始条件的困难来否定宇宙客观实在性的观点失去了基础。但有些人认为，由于爆炸引起的巨大距离尺度，使得从整体上去观测宇宙的结构成为不可能。这种担心有其理由，但如果爆炸模型正确的话，随着科学实践的发展，一定有可能突破人类认识上的困难。

哈勃流的巨大引力

根据大爆炸理论，宇宙存在着一种普遍的膨胀运动，叫做哈勃星系流，简称哈勃流。但是，它正在受到干扰，即银河系南北两面若干个星系除了参加膨胀运动外，还进行着其他的运动，它朝着长蛇座方向——半人马座超星系团运动。

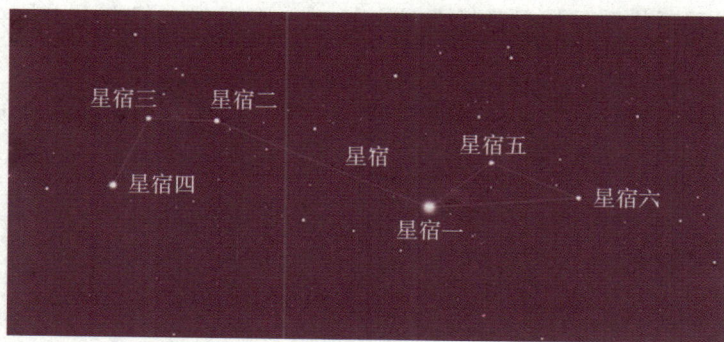

星宿三　星宿二
星宿四
星宿
星宿五
星宿六
星宿一

长蛇座

1986 年以来，一个英美天文学家小组利用南半球和北半球的光学望远镜作星系距离的测量研究。他们发现哈勃流经常受到扰动，这个扰动源处在室女星系团的南方，它可能是一个非常巨大的引力体。

从电脑模拟图上来看，这个大引力体的直径约 2.6 亿光年，质量可达 3 亿亿个太阳的质量，这相当于典型星系质量的几万倍。由此可见，它的质量如此

之大，以致于歪曲了宇宙的哈勃膨胀。

哈勃流

这个大引力体对周围星系是有吸引作用的，它使它周围的星系以每秒 1000 千米的速度向它靠近。为此，一个意大利研究小组一直在搜索星系在空间分布的秘密，并且在研究大引力体是星系间引力相互作用的效应，还是像黑洞那样的天体引起的效应。初步研究表明，星系团之间的引力作用不足以解释已观测到的现象，但它必竟是起作用的。如果大引力体与一个大星系团有关，特别是二者的位置是一致的，那么宇宙膨胀理论和黑洞理论将受到冷落。

多数天文学家认为，宇宙背景辐射的细微偏差表明，银河系以每秒 600 千米的速度相对哈勃流运动，这是大引力体的吸引所致。但也有人反对这种观点，伦敦大学天文学家罗思·鲁滨逊等人分析了 2400 个星系的分布后，认为已观测到的星系物质足以导致哈勃流的运动，因而否定了大引力体存在的可能性。

大引力体真的存在吗？它是否真的是一个"幽灵"呢？这个宇宙之谜一直困扰着人们。

知识点

光　年

"年"是时间单位，但"光年"虽有个"年"字却不是时间单位，而是天文学上一种计量天体距离的单位。宇宙中天体间的距离很远很远，如果采用我们日常使用的米、千米（公里）做计量单位，那计量天体距离的数字动辄十几位、几十位，很不方便。于是天文学家就创造了一种计量单位——光年，即光在真空中一年内所走过的距离。距离＝速度×时间，光速约为每秒 30 万千米（每秒 299792458 米），1 光年约为 94600 亿千米。

"光年"不是时间单位，说时间过去了多少光年，就好像说时间过去了几米、几千米一样，是不能成立的。

延伸阅读

室女系星团

距离地球最近的一个不规则星系团，因位于室女座方向而得名。包含 2500 多个星系。平均 32 移为 1180 千米/秒，距离 19 百万秒差距。星系团的角直径均 12°；线直径约 1300 万光年。它的中心有一个超巨椭圆星系 M87 是最强的射电源之一，也是一个强的 X 射线源。绝对目视星等 −22 等。质量约 4×10^{12} 太阳质量。

小行星是从哪里来的

1766 年，德国的一位教师提丢斯从行星排列上找到了一个规律，发现在火星与木星之间应有一颗人类没有发现的行星。

靠着几张纸和一支笔算出来的结果，可信度高吗？1801 年，意大利天文学家皮亚齐在金牛座的位置上找到了一颗新的天体。开始，他以为是发现了一颗彗星，后来经德国数学家高斯根据

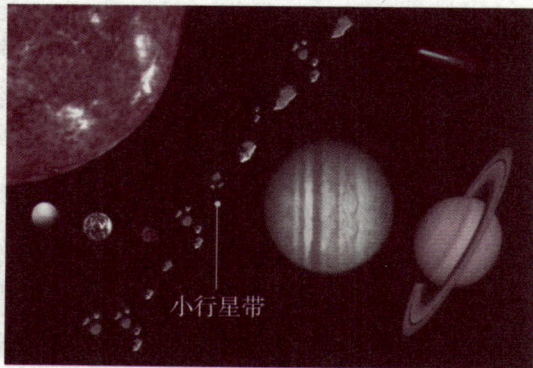

小行星带

皮亚齐40余天的观测结果来计算，证明这是一颗新的行星。在高兴之余，皮亚齐为它起了一个名字——谷神星。谷神是意大利西西里岛的保护神，而皮亚齐就是在西西里岛上发现这颗星的。人们进一步观测才发现，谷神星的质量只有月球的2％，直径也不到月球的1/4。

木　星

1802年，德国医生奥伯斯又发现了一颗星——智神星。它与谷神星类似，这无疑又增加了天文学家的困惑。接着又发现了一些小行星，这使问题更加复杂化了。人们不禁要问：在这个地方为什么有如此众多的小行星？它们是如何形成的？

1804年，奥伯斯的同事哈丁发现了婚神星后，他提出了"爆炸说"来解释小行星的起源。但是爆炸的起因难以说明，因此"爆炸说"就搁置起来了。

1972年，有人又重提"爆炸说"，认为有一颗质量为地球质量90倍的大行星运转于火星和木星之间，于1600万年前爆炸而形成小行星。苏联的许多天文学家也认真地进行了计算，如萨伐利斯认为，这颗"原始行星"的直径为6000千米，质量为地球的1/15，与火星相仿，并对它的内部结构进行了描述。它的名字也极富诗意——"法厄同"（这是一位古希腊神的名字，它曾使太阳偏离原轨道而使宙斯大怒，为此发出一个巨雷把法厄同炸得粉身碎骨）。又如赛格尔认为，法厄同的爆炸是因为那里的文明程度很高，法厄同人"祸起萧墙"，核大战使法厄同人同归于尽，星球也四分五裂。至今对小行星的观测还发现了法厄同人留下的

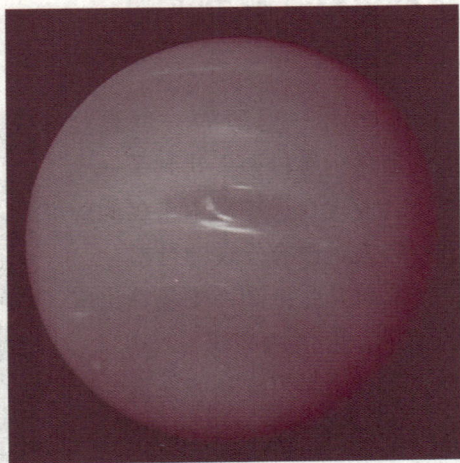

海王星

遗物——水分、氨基酸、钻石等。赛格尔说法有点儿像科幻小说。

"爆炸说"太玄了，美籍荷兰天文学家柯依伯等人经过研究于1949年提出了一种说法"碰撞说"，在火星与木星之间曾有十余颗或几十颗较大的小行星运行，后来发生过一次"交通事故"，使之发生碰撞而碎裂成如此多的小碎块，这样的碰撞可能不止一次。目前最大的4颗小行星可能是幸免于碰撞的"幸运儿"。

中国天文学家戴文赛在小行星起源上提出过看法。他认为，小行星起源可以追溯到太阳系起源之初，它们由弥漫的原始星云物质构成。它们同大行星的区别就在于，它们是一些"半成品"。瑞典天文学家阿尔文也提出过"半成品说"。

关于小行星起源的理论都不成熟，许多细节说不清楚。要解决这一谜团就必须更多地观测，但人们对于小行星的空间观测还不够重视，如"旅行者"探测器已越过海王星，但中途路过小行星却未曾逗留片刻，这也使小行星起源的研究要花更长的时间。

知识点

彗 星

彗星（comet），中文俗称"扫把星"，是太阳系中小天体之一类。由冰冻物质和尘埃组成。当它靠近太阳时即为可见。太阳的热使彗星物质蒸发，在冰核周围形成朦胧的彗发和一条稀薄物质流构成的彗尾。由于太阳风的压力，彗尾总是指向背离太阳的方向。

《春秋》记载，公元前613年，"有星孛入于北斗"，这是世界上公认的首次关于哈雷彗星的确切记录，比欧洲早630多年。

延伸阅读

恐龙灭绝碰撞说

小行星碰撞说认为：大约在 6500 万年前，一颗直径为千米左右的小行星与地球相撞，猛烈的碰撞卷起了大量的尘埃，使地球大气中充满了灰尘并聚集成尘埃云，厚厚的尘埃云笼罩了整个地球上空，挡住了阳光，使地球成为"暗无天日"的世界，这种情况持续了几十年。缺少了阳光，植物赖以生存的光合作用被破坏了，大批的植物相继枯萎而死，身躯庞大的食草恐龙每天要消耗几百几千千克植物，它们根本无法适应这种突发事件引起的生活环境的变异，只有在饥饿的折磨下绝望地倒下；以食草恐龙为食源的食肉恐龙也相继死去。1991 年美国科学家用放射性同位素方法，测得墨西哥湾尤卡坦半岛的大陨石坑（直径约 180 千米）的年龄约为 6505.18 万年。从发现的地表陨石坑来看，每百万年有可能发生三次直径为 500 米的小行星撞击地球的事件。更大的小行星撞击地球的概率就更小了。

可怕的火星尘暴

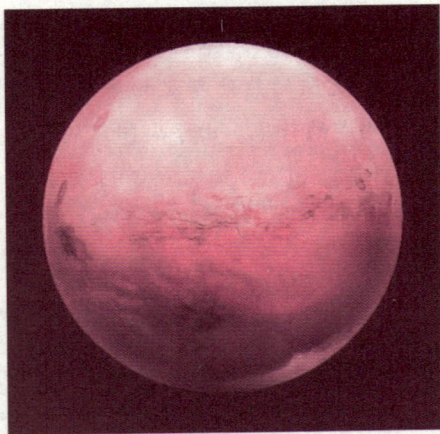

火星

在地球上，太平洋地区常常形成一些风暴。中国的东南沿海经常受到风暴的影响，这里的人们对风暴的威力是有领教的。

在火星上，由于大气稀薄的缘故，常常会引起强大的"尘暴"，其影响的区域可遍及全球。它持续的时间也很长，可把火星弄得几个月内都是"昏天黑地"的。通常，尘暴发起于南半球的"诺阿奇斯"地区。当火星达到近日点时，诺阿奇斯接受的热量最多，这就导致一次大尘暴。因此，按火星绕日周期算，约 2 个地球年发生一次大尘暴。1971 年 9 月～1972 年 1 月的大尘暴持续了近 4 个月。当时美国的"水手 9 号"恰好于 1971 年 11 月飞达火星，大尘暴使这艘飞船根本就无法拍照，为了拍照，它不得不等了 3 个月。这次大尘暴是迄今观测到的最大一次火星尘暴。

火星尘暴是如何形成的呢？一般的解释是：太阳的加热起了重要作用，特别是火星运行到近日点，太阳的辐照作用大，引起火星大气的不稳定，使之原来的昼夜温差更大，而空气也更不稳定，加热后的空气上升便扬起灰尘。当尘粒升到空中，加热作用更大，因而尘粒温度更高，这又造成热气的急速上升。热气上升后，别处的空气就来填补，形成强劲的地面风，以形成更强的尘暴。这样，重复作用使尘暴的规模和强度不断升级，甚至蔓延整个火星，风速可达每秒 180 米。在地球上，12 级台风才定为每秒 35 米的风速，而 18 级的特大台风，也不过才每秒 60 米，由此可见火星尘暴的厉害。

火星尘暴

然而，尘暴的分布也很特别，尘暴的发源地多半在南半球，特大尘暴发源地更局限在某几个地区，特别是诺阿奇斯地区。这是上面的解释所说不通的地方，有人从火星的地势上加以解释。

总的来说，现有的解释还不全面，尤其是尘暴规模之大和强度之高，是习惯于地球环境的我们所难以想象的。

探测火星是人类登上月球后的又一目标，当人类踏上火星建立基地之后，有望揭开尘暴之谜。

知识点

近日点

各个星体绕太阳公转的轨道大致是一个椭圆，它的长直径和短直径相差不大，可近似为正圆。太阳就在这个椭圆的一个焦点上，而焦点是不在椭圆中心的，因此星体离太阳的距离，就有时会近一点，有时会远一点。离太阳最近的时候，这一点的位置叫作近日点。

延伸阅读

火星到地球的距离

最近距离约为 5500 万千米，最远距离则超过 4 亿千米。两者之间的近距离接触大约每 15 年出现一次。1988 年火星和地球的距离曾经达到约 5880 万千米，而在 2018 年两者之间的距离将达到 5760 万千米。但在 2011 年的 8 月 27 日，火星与地球的距离将仅为约 5576 万千米，是 6 万年来最近的一次。

不过据天文学家推算，到 2366 年 9 月 2 日，火星与地球之间的距离将为约 5571 万千米。而到 2287 年 8 月 28 日，两者将更为接近，距离为约 5569 万千米。

一般来说，火星和地球距离近的年份是最适合登陆火星和在地面对火星观测的时机。

宇宙中互相蚕食的星体

我们知道，宇宙中的星体之间相距十分遥远，相互靠近的机会很少。但经过天文学家的观测和研究，发现星球之间也存在互相蚕食、互相残杀的现象。

科学家们把这类星球称为宇宙中的"杀星"。

前不久，美国天文学家就发现了这样一颗"杀星"。这两颗恒星，本来是一对双星，都已进入晚年，均属白矮星。这两个星球体积很小，可质量却比太阳大得多。经观测发现，这两颗星体靠得很近，相互围绕对方旋转运动。其中一颗大的恒星，时刻都在吞吃比它小的那一颗。大恒星把小恒星的外层物质剥下来吸到自己身上，使自己越来越胖，体积和质量不断增大。而那颗被蚕食的恒星，逐渐变得骨瘦如柴，现在只剩下一个光秃秃的星核了。

不但星体之间存在着互相蚕食的现象，星系之间也在互相蚕食和杀戮。现在有一种理论认为，宇宙中的椭圆星系就是由两个漩涡扁平星系互相碰撞、混合、蚕食而成的。有人曾用计算机做过模拟实验：用两组质点代表星系内的恒星，分布在两个平面内，由于引力作用，以一定的规律相向而行，逐渐趋于混合。在一定条件下，两个扁平星系经过混合确能发展成一个椭圆星系。

在宇宙中，除漩涡扁平星系和椭圆星系外，还有一种环状星系。天文学家们发现，这类星系从外形看，恒星分布在环状圈内，有时环中央没有任何天体，有时有天体，有时环上还有结点。有人认为，这种环状星系的形成，是由两个星系碰撞、互相蚕食的结果。环中央的天体和环上结点，就是相互蚕食后留下的痕迹。

环状星系

加拿大天文学家科门迪通过观测还发现，某些巨椭圆星系，其亮度分布异常，好像中心部位另有一个小核。他认为，这就是一个质量小的椭圆星系被巨椭圆星系蚕食的结果。前面说过，天体之间、星系之间距离都非常遥远，碰撞和蚕食的机会很少。所以，要想证实以上说法能否成立，还需要进一步的观测研究。

知识点

漩涡星系

　　外形呈旋涡结构，有明显的核心，核心呈凸透镜形，核心球外是一个薄薄的圆盘，有几条旋臂，在旋涡星系中有一类的核心不是球形，而是棒状，旋臂从棒的两端生出，称为棒旋星系。

　　旋涡星系是目前观测到的数量最多、外形最美丽的一种星系。它的形状很像江河中的旋涡，因而得名。这类星系在其对称面附近含有大量的弥漫物质。从正面看，形状像旋涡；从侧面看，便呈梭状。银河系、仙女座星云、三角座星云都是这种类型的河外星系。

　　旋涡星系的代号为 S，棒旋星系的记为 SB。旋涡星系也好，棒旋星系也好，一般都在 S 或 SB 后面另加 a、b、c 等英文字母，用来表示旋臂的松紧程度，a 表示最紧，c 表示最松。

延伸阅读

太阳将变成白矮星

　　现在的太阳上，绝大多数的氢正逐渐燃烧转变为氦，可以说太阳正处于最稳定的主序星阶段。对太阳这样质量的恒星而言，主序星阶段约可持续 110 亿年。恒星由于放出光而慢慢地在收缩，而在收缩过程中，中心部分的密度就会增加，压力也会升高，使得氢会燃烧得更厉害，这样一来温度就会升高，太阳的亮度也会逐渐增强。太阳自从 45 亿年前进入主序星阶段到现在，太阳光的亮度增强了 30%，预计今后还会继续增强，使地球温度不断升高。65 亿年后，当太阳的主序星阶段结束时，预计太阳光的亮度将是现在的 2.2 倍，而地球的平均温度要比现在高 60℃ 左右。届时就算地球上仍有海水，恐怕也快被蒸发光了。若仅从平均温度来看，火星反而会是最适宜人类居住的星球。在主序星阶段，因恒星自身引力而造成收缩的这股向内的力和因燃烧而引起的向外的力会互相牵制而达到平衡。但在 65 亿年后，太阳中心部分的氢会燃尽，最后只剩下其周围的球壳状部分有氢燃烧。在球壳内不再燃烧的区域，由于抵消引力的向外的力减弱而开始急速收缩，此时太阳会越来越亮，球壳外侧部分因受到影响而导致温度升高并开始膨胀，这便是另一个阶段——红巨星阶段的开始。红巨星阶段会持续数亿年，其间太阳的亮度会达到现在的 2000 倍，木星和土星周围的温度也会升高，木星的冰卫星以及作为土星特征的环都会被蒸发得无影无踪，最后，太阳的外层部分甚至会膨胀到现在的地球轨道附近。

另一方面，从外层部分会不断放出气体，最终太阳的质量会减至主序星阶段的 60%。因太阳引力减弱之故，行星开始远离太阳。当太阳质量减至原来的 60% 时，行星和太阳的距离要比现在扩大 70%。这样一来，虽然水星和金星被吞没的可能性极大，但地球在太阳外层部分到达之前应该会拉大距离而存活下来，火星和木星型行星（木星、土星、天王星、海王星）也会存活下来。

像太阳这般质量的星球，在其密度已变得非常高的中心部分只会收缩到一定程度，也就是温度只会升高到某种程度，中心部分的火会渐渐消失。太阳逐渐失去光芒，膨胀的外层部分将收缩，冷却成致密的白矮星。通过红巨星时代考验而存留下来的行星将会继续围绕太阳运行，所有一切都将被冻结，最后太阳系迎接的将会是寂静状态的结束。

日冕中的"空洞"

可见光的日冕照片上，日冕各处的亮度相差并不悬殊。可是，拍摄日冕的 X 光照片则不然。从太阳的南极或北极有一条延伸至赤道附近的长条状黑暗区域，人们称它为"洞"。最先发现冕洞的是瓦尔德迈尔于 1950 年发现的。1964 年，人们又从火箭上拍到了它的 X 光照片。后来人们在其他波段拍了冕洞照片。人们还发现冕洞不在太阳活动区，只待在太阳宁静区。

冕洞的确是空洞洞的，其密度很低。1975 年瓦尔德迈尔测其密度只有冕

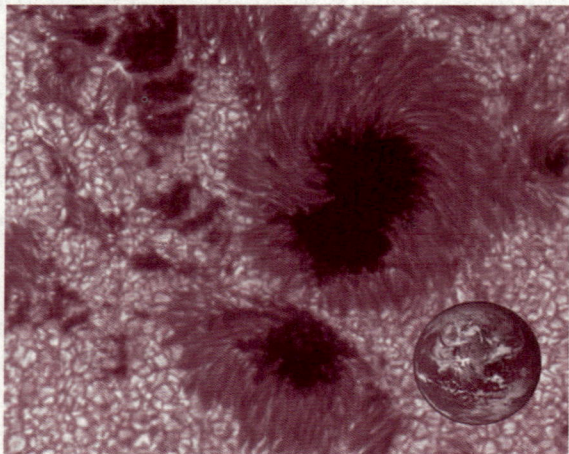

日冕中的黑洞

区的 1/10。冕洞温度为 100 万度，比洞外要低些，且洞内温度变化也不大。

　　20 世纪 30 年代，人们曾发现太阳上周期性地发生"磁暴"，周期恰好与太阳自转周期（27 天）一样。磁暴产生于太阳的哪个区域尚不清楚，干脆就叫"M 区"吧！意思是"神秘的区域"。50 年代，人们发现行星际有一种"风"，从彗星尾巴老是背着太阳来看，这"风"应来自于太阳，就称它"太阳风"吧！但是，它是怎么刮出来的呢？从太阳哪个区域刮出来的呢？人们也不清楚。70 年代，人们发现冕洞是磁场开放区域，它的部分磁感线向外舒张。进一步研究发现，M 区就是冕洞，并由此刮出带有大量粒子的太阳风。由此看来，M 区、太阳风、冕洞应是"三位一体"的。

　　从 20 世纪 60 年代以来，借助航天器，科学家们已经取得了有关冕洞的大量资料，对冕洞的性质有了很多了解。例如它的面积大，小的也有 600 亿平方千米，大者达 3000 亿平方千米。冕洞比较稳定且寿命长，比太阳黑子寿命长得多。冕洞面积增减速度基本一致，约每秒 1 万平方千米。扩展和收缩得如此稳定且寿命很长，还又做何解释呢？更深入的研究，产生了更多的问题，例如。冕洞自转为何较差？特别是冕洞是如何形成的？它与太阳的某种特殊过程有关，但特殊过程是什么过程呢？因此，对冕洞的研究尚处在初步阶段，虽然令人头疼，但也为科学家们提供了施展才华的天地。

知识点

磁 暴

　　磁暴即当太阳表面活动旺盛，特别是在太阳黑子极大期时，太阳表面的闪焰爆发次数也会增加，闪焰爆发时会辐射出 X 射线、紫外线、可见光及高能量的质子和电子束。其中的带电粒子（质子、电子）形成的电流冲击地球磁场，引发短波通讯中断，所以称磁暴。磁暴时会增强大气中电离层的游离化，也会使极区的极光特别绚丽，另外还会产生杂音掩盖通讯时的正常讯号，甚至使通讯中断，也可能使高压电线产生瞬间超高压，造成电力中断，也会对航空器造成伤害。

延伸阅读

冕洞的不同分类

　　冕洞大体分为三种：极区冕洞，位于两极区，常年都有；孤立冕洞，位于低纬区，一般面积较小；延伸冕洞，向南北延伸，从北极区向南延伸至南纬20°左右或由南极区向北延伸至北纬20°左右，且同极区冕洞相接，面积较大。在天空实验室飞行期间（太阳活动下降期）太阳表面覆盖18%～19%的冕洞。

　　现在看来，"冕洞"这个名字取得并不十分恰当，因为冕洞基本上都是长条形的，或是不规则行的。冕洞是太阳大气中一种寿命较长的现象，但并非永久存在，尤其是两极地区之外的冕洞。它们有生有灭，小冕洞也许只存在一个太阳自转周期，即约 27 天；稍大的平均寿命为五六个太阳自转周期，最长的可在 10 个周期以上。太空实验室在观测太阳时发现，太阳两极的冕洞相当稳定，长期存在，而且似乎存在着一种奇妙的、令人费解的关系，即一个极处的冕洞扩大时，另一个极处的冕洞就缩小，反过来也是如此，好像两处冕洞的面

积总和，非得是常数不可。至于冕洞的产生、扩大、缩小和消亡等问题，目前仍在探索和研究中。但有一点已得到了确认，冕洞就是太阳风的出风口。

宇宙中五颜六色的恒星

看到这个题目，大家心中不免产生疑问，我们日常生活中看到的夜空中那些闪烁的星星不都是一种颜色吗？怎么是五颜六色的？其实，天上的星星不都是一个颜色。

细心的天文爱好者一眼就看出恒星的颜色不一样，有红色、黄色、蓝色和白色等，犹如五颜六色的明珠。恒星为什么有这么多种多样的诱人色彩呢？

你是否到炼钢厂去参观过：当钢水在钢炉里的时候，由于温度很高，它的颜色呈蓝白色，钢水出炉后，随着温度的慢慢降低，它的颜色也变为白色，再变

炼 钢

成黄色，再由黄变红，最后变成黑色。可见，物体的颜色受物体温度控制，天上的星星也是如此。它们的不同颜色代表星体表面温度的不同。天体的温度不同，它们发出的光在不同波段的强度也是不一样的。从恒星光谱上我们已经知道，不同颜色代表着不同的温度。一般来说，蓝色恒星表面温度在 25 000℃ 以上，如参宿七、水委一、马腹一（甲星）、十字架二（甲星）和轩辕十四等。白色恒星表面温度在 7700℃ ~ 11 500℃，如天狼

南门二

星、织女星、牛郎星、北落师门和天津四等。黄色恒星表面温度在 5000℃ ~ 6000℃，如五车二和南门二等。红色恒星表面温度在 2600℃ ~ 3600℃，如参宿四和心宿二等。

太阳的表面温度约 6000℃，照理讲，太阳应是一颗黄色的恒星，为什么我们白天看见的太阳是发出耀眼的白色呢？其实，这是因为太阳离我们较近的缘故。如果有机会乘宇宙飞船到离太阳较远的地方，你会发现，原来太阳也是一颗黄色的星星。而美丽的朝霞和晚霞绽放红光的原因是因为地球大气对太阳光 7 种颜色中的红光折射偏角最大的原因引起的。

知识点

光的折射

光从一种透明介质斜射入另一种透明介质时，传播方向一般会发生变化，这种现象叫光的折射。光的折射与反射都是发生在两种介质的交界处，只是反射光返回原介质中，而折射光则进入到另一种介质中。

延伸阅读

恒星的化学组成

以质量来计算，恒星形成时的比率大约是 70% 的氢和 28% 的氦，还有少量的其他重元素。因为铁是很普通的元素，而且谱线很容易被测量到，因此典型的重元素测量是根据恒星大气层内的铁含量来完成的。由于分子云的重元素丰度是稳定的，只有经由超新星爆炸才会增加，因此测量恒星的化学成分可以推断它的年龄。重元素的成分或许也可以显示是否有行星系统。

被测量过的恒星中含铁量最低的是矮星 HE1327 – 2326，铁的比率只有太阳的二十万分之一。对照知道，金属量较高的是狮子座 μ，铁丰度是太阳的一倍，而另一颗有行星的武仙座 14 则几乎是太阳的三倍。也有些化学元素与众不同的特殊恒星，在它们的谱线中有某些元素的吸收线，特别是铬和稀土元素。

观测太阳的"灰房子"

太阳光不仅很亮，而且很热。如果仅以裸眼观测太阳是不行的。有一个人曾试验不对眼睛做任何保护而观测太阳，结果是他只用天文望远镜对太阳看了一眼，眼睛就被烧坏了。

为了观测太阳，经过长时间的研究，天文学家们制造了一种专门观测太阳用的天文望远镜。这是一种非常独特的仪器。它的外表像一所灰色屋顶的房子，周围是绿色的草地，门前有花坛。然后是台阶、门，走进门里，你也许首先进入了客厅，铺着小地毯，右边是一些小储藏室般的屋子，但这不是普通的小房子，而是一架天文望远镜。这种望远镜建筑物坐北朝南，有几十米长，朝南的墙上有一个圆洞，左边是一扇门，它通入一间有石板地的边屋，那里面立着两面大圆镜子，镜子上套着金属套。一面镜子是主镜，另一面是副镜。天文学家工作时要非常小心，主镜是非常敏感的，极小的一滴唾沫掉在镜子上，也可能把它弄坏。放镜子的建筑物的墙壁下面要有小轮子。在观察时，把墙壁和屋顶都推到一边去，于是镜子就在露天里了。

➧　知识点

天文学

天文学是研究宇宙空间天体、宇宙的结构和发展的学科。内容包括天体的构造、性质和运行规律等。主要通过观测天体发射到地球的辐射，发现并测量它们的位置、探索它们的运动规律、研究它们的物理性质、化学组成、内部结构、能量来源及其演化规律。天文学是一门古老的科学，自有人类文明史以来，天文学就有重要的地位。

延伸阅读

天文探测手段

天文观测除了射电观测、非可见光天文观测，还包括红外观测、紫外观测、X射线观测和γ射线观测等。由于这几种天文观测受地球大气的影响更大，人们往往将望远镜安装在飞机上，或用热气球载上高空。此后又用火箭、航天飞机和卫星等空间技术将望远镜送到地球大气层外。

空间观测设备与地面观测设备相比，有极大的优势。光学空间望远镜可以比在地面接收到宽得多的波段。由于没有大气扰动，分辨率也得到了极大的提高。空间没有重力，仪器也不会因自重而变形。

以天文学家哈勃的名字命名的哈勃空间望远镜是由美国宇航局主持建造的四座巨型空间天文台中的第一座，也是所有天文观测项目中规模最大、投资最多、最受公众注目的一座。它筹建于1978年，设计历时7年，1989年完成，并于1990年4月25日由航天飞机运载升空，耗资30亿美元。但是由于人为原因造成的主镜光学系统的球差，不得不在1993年12月2日进行了规模浩大的修复工作。成功的修复使哈勃望远镜的性能达到甚至超过了原先设计的目标。观测结果表明它的分辨率比地面的大型望远镜高出几十倍。它对国际天文学界的发展有非常重要的影响。

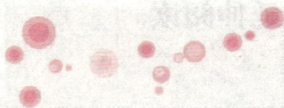

宇宙的最终归宿之谜

话说：既有其生，必有其灭。也就是说世界上没有任何一种东西是可以永恒的，世间万物都逃脱不了灭亡的厄运，只是时间早晚的问题，这个理论也适用于宇宙。

宇宙自大爆炸诞生之日起，就注定了其灭亡的最终结局。但是，就目前人类对宇宙的了解，还不能确切地预测宇宙的未来走向，是无限制地膨胀下去，还是慢慢地收缩，亦或是再爆炸？

宇宙到底以何种方式结束自己的命运，这一切都不得而知，以现有的知识水平，还很难解答这个问题。

开宇宙将走向何方

大多数人对宇宙的未来不是很感兴趣的。毕竟，在有记录的历史中宇宙似乎没有什么惊人的事件发生，现在它怎么就会变呢？

人们的印象是在人一生的时间尺度内宇宙是不变的。人的一生，以几十年的时间来算只不过是自从一二百亿年以前大爆炸以来的极微小的片刻，所以人之一生中发生的变化是微小的，并且不容易引起人们注意。

大爆炸必然是非常惊人的。还有再次发生类似这惊人事件的机会吗？用大型望远镜可能会找到答案。寻其理由，设想你是一位在前哨岗位上的雷达操纵员。如果你探测到另一个国家正在发射导弹，你不能以它正在向上运动离开地球而感到自慰。由于引力的作用导弹必然会再落下来。

关于宇宙也同样是如此。我们知道，宇宙的未来整体上依赖于把退行星系拉回来的引力大小。引力又依赖于宇宙中物质的总量，尽管做了一切努力来测量它，但仍然不能确定，总量约差100倍。这个因子大到足以使开宇宙和闭宇宙都能适合。

若宇宙是开的，星系将单纯地连续地无限地向外运动。未来的天文学家将要用愈来愈强大的天文望远镜来观察任意一个特殊的星系。每年都有许多星系变得太暗而看不见，直到只剩一些最近的属于本星系群的近邻刚刚能够看到。最后它们也将熄灭，银

导　弹

河系将与其他本星系群的星系一起顺其自然地独自停留在空间。但这种情况发生前恒星早就会耗尽它的燃料并且将中断它在这些星系中的闪灼。恒星的形成也将停止。

银　河

银河系将不可抗拒地暗下来。因为恒星只有有限的燃料，它们将相继灭亡。低质量恒星如太阳，将成为白矮星，它最后冷却成为不活动的黑暗星。更重的恒星可通过不同途径成为超新星，但最后它们也将成为致密的不活动的中子星或黑洞。这样一年年下去，银河系将变得更加无生气，遗留下愈来愈少的

形成恒星的星际物质，除想象的星系爆炸以外，这里不会出现任何事物来干扰这个缓慢的灭亡。

知识点

导　弹

导弹是"导向性飞弹"的简称，是一种依靠制导系统来控制飞行轨迹的可以指定攻击目标，甚至追踪目标动向的无人驾驶武器，其任务是把战斗部装药在打击目标附近引爆并毁伤目标，或在没有战斗部的情况下依靠自身动能直接撞击目标，以达到毁伤效果。简言之，导弹是依靠自身动力装置推进，由制导系统导引、控制其飞行路线，并导向目标的武器。

延伸阅读

宇宙演化观念的发展

在中国，早在西汉时期，《淮南子·俶真训》指出："有始者，有未始有有始者，有未始有夫未始有有始者"，认为世界有它的开辟之时，有它的开辟以前的时期，也有它的开辟以前的以前的时期。《淮南子·天文训》中还具体勾画了世界从无形的物质状态到浑沌状态再到天地万物生成演变的过程。在古希腊，也存在着类似的见解。例如留基伯就提出，由于原子在空虚的空间中做旋涡运动，结果轻的物质逃逸到外部的虚空，而其余的物质则构成了球形的天体，从而形成了我们的世界。

太阳系概念确立以后，人们开始从科学的角度来探讨太阳系的起源。1644年，R. 笛卡尔提出了太阳系起源的旋涡说；1745年，G. L. L. 布丰提出了一个因大彗星与太阳掠碰导致形成行星系统的太阳系起源说；1755年和1796年，康德和拉普拉斯则各自提出了太阳系起源的星云说。现代探讨太阳系起源的新星云说正是在康德和拉普拉斯星云说的基础上发展起来。

闭宇宙的未来在哪里

若宇宙是封闭的，未来的前景将会更加惊人。爱因斯坦的方程预言几十亿年以后引力将减缓宇宙的膨胀而且在一个短时期内全部停止下来。在引力作用几百万年下星系系统将开始坍缩。天文学家将观测到星系谱线成为蓝移。未来的哈勃公式将指出这个含意。星系将接近——预示它们间可能碰撞，而且随着时间的推移它们将被加速到较高的速度。

在这些条件下，与我们星系相碰的星系速度约为 500 千米每秒。甚至在这样高的速度下，碰撞也将是从容地进行，要一亿年星系才从银河系的边缘真正地进到它里面来。天文学家已算出到那时可能发生什么事。很奇怪，各恒星将一直运动下去彼此完全不碰撞，虽然它们相互的引力将使星系变形。这是因为目前恒星的大小与它们互相的距离相比十分小，它们完全不会互相影响。

但每颗星系中巨大的星际云以极大的速度迎面相遇，在气体中传播的冲击波将把气体加热到 1000 度。热气体将遇到从其他星系来的气体，更进一步被压缩和加热。与此同时天空将愈来愈明亮，直到它与各个方向中的恒星一样灿烂，因为夜空像白天一样亮，奥尔勃斯佯谬不再成为一个问题了。

类似地，虽然初次跑来碰撞我们的星系中的恒星不久将离开银河系，但因为每个星系所能利用的空间将不断缩小，只占它过去大小的一部分，许许多多星系将相继而来。第一批十来个星系进来以后，恒星开始相互碰撞，开始的速率仅为一万年一次，此后变得很频繁。这样的碰撞将击碎一些恒星，将它的一千万度高温的气体抛到空间去。

与此同时，宇宙黑体辐射将

星系碰撞

得到更多的能量，移向更短的波长，直到它在整个天空构成一个燃烧着的一万度的灿烂光辉。这时天空将比恒星还要热，恒星将停止发光。辐射不是离开恒星而将要倒流，辐射流入恒星的外层，将外层蒸发掉，暴露出下面的核燃烧火焰。最后恒星将被消灭；一切将成为一个巨大的气体球，向内的坍缩将更快。由相对论方程我们知道，那时离全部物质混合时期只剩下一万年。此后，就出现大爆炸本身倒转过来的过程。大爆炸和历史上所有超新星产生的核将在几分钟内迅速分解。温度将无情地上升，直到热辐射中出现的 γ 射线产生电子对时。随后，在某一个日子的某一个确定时刻，宇宙将被压缩到一个奇点并且告终。

没有人知道宇宙是否将以这种方式衰亡或是无限地膨胀下去。如果爱因斯坦是正确的，则宇宙不是这样就会那样，原则上我们可用测量宇宙现在的密度来找出答案。

◆ 知识点 　>>>>>

爱因斯坦

阿尔伯特·爱因斯坦，世界十大杰出的物理学家之一，现代物理学的开创者、集大成者和奠基人，同时也是一位著名的思想家和哲学家。爱因斯坦 1900 年毕业于苏黎世联邦理工学院，入瑞士国籍。1905 年获苏黎世大学哲学博士学位。曾在伯尔尼专利局任职，在苏黎世工业大学担任大学副教授。1913 年返德国，任柏林威廉皇帝物理研究所所长和柏林洪堡大学教授，并当选为普鲁士科学院院士。1933 年因受纳粹政权迫害，迁居美国，任普林斯顿高级研究所教授，从事理论物理研究，1940 年入美国国籍。

有一句熟悉的格言是："任何事都是相对的。"但爱因斯坦的理论不是这一哲学式陈词滥调的重复，而更是一种精确的用数学表述的方法。此方法中，科学的度量是相对的。显而易见，对于时间和空间的主观感受依赖于观测者本身。

延伸阅读

星系的演变和分布

对星系和类星体的分类和分布的详细观测为大爆炸理论提供了强有力的支持证据。理论和观测结果共同显示，最初的一批星系和类星体诞生于大爆炸后十亿年，从那以后更大的结构，如星系团和超星系团开始形成。由于恒星族群不断衰老和演化，我们所观测到的距离遥远的星系和那些距离较近的星系非常不同。此外，即使距离上相近，相对较晚形成的星系也和那些在大爆炸之后较早形成的星系存在较大差异。这些观测结果都和宇宙的稳恒态理论强烈抵触，而对恒星形成、星系和类星体分布以及大尺度结构的观测则通过大爆炸理论对宇宙结构形成的计算模拟结果符合得很好，从而使大爆炸理论的细节更趋完善。

时刻在振荡着的宇宙

无论多么权威的人物，他的观点和理论也不可能全是对的，爱因斯坦也不例外。在论述到宇宙的问题上，爱因斯坦的方程也可能是错的，特别是当描述最后的坍缩需要外推到极限情况时。目前爱因斯坦的理论还没有置于黑洞的极端条件下检验，所以须小心谨慎。逃避最后坍缩的一个出路可能是"弹回"，这时存在的巨大压强应能阻止最后的坍缩，并将物质重新抛出，再开始一个新的膨胀循环。这个问题现在还在研究。爱因斯坦方程毫不怀疑地预言一般物质在此条件下不能被弹回，但某些物理学家相信在坍缩宇宙中的极高温下，没有包括在爱因斯坦方程中的基本粒子的性质可以改变这个结论。近来根据对基本粒子的某些假定所做的研究发现，宇宙确实会弹回——恰恰在完成坍缩前的 10^{23} 秒时弹回。那时它将再膨胀成为一个膨胀的宇宙，正像我们今天所看见的宇宙那样。如果这个计算还包含着一点真理的话，宇宙必然在极高密度和极稀薄密度的状态之间振荡了很多次。但是就是这个计算也指出，没有一点点过去的宇宙曾经被弹回而存留下来的证据。所以，假若过去的宇宙弹回过好几次，

我们也是绝不知道的。

　　有趣的是，这样的设想已在公元4世纪由印度思想家提出来了。大爆炸宇宙可比作现代的圣经的创世故事，而循环宇宙论相当于一个印度的传说，这个传说是宇宙已经大约经过了1.8×10^4个循环（叫作婆罗门日），每个循环持续4.32×10^9年，而且还要经过另外的1.8×10^4个循环才真正地成为永久无声无息的世界。那时它将跳到另一个3.6×10^4循环。这样一个令人吃惊的可能性完全是在我们粗糙的科学工具所能理解的范围以外。但有趣的是印度思想家提出的循环，它的时间长度与哈勃时间的数量级居然是同样的。

➤ 知识点

基本粒子

　　基本粒子，即在不改变物质属性的前提下的最小体积物质。它是组成各种各样物体的基础。并不会因为小而断定它不是某种物质。现在科学家利用粒子加速器加速一些粒子，有时候用粒子相撞的方法，来研究基本粒子。

延伸阅读

震动的月球

　　我们知道，地球每年都发生许多次地震，准确的科学监测数据显示，全球平均每年大约发生50万次地震。其中，大约10万次地震可以被人们感觉到，大约100次地震造成人员伤亡或财产损失。虽然月球的内部能量已近于枯竭，似乎是一个几近僵死的天体，但受天体引力以及陨石撞击等影响，仍然有轻微的应力活动，因此经常有微弱的月震发生。1969年7月，阿波罗11号飞船航天员登月后在月球静海西南角设置了检测月震的仪器。此后，相继在月球着陆的几艘阿波罗飞船先后在风暴洋东南、弗拉－摩洛地区、亚平宁山区的哈德利峡谷、笛卡尔高地和澄海东南的金牛－利特罗峡谷放置了月震仪。月面上的6台月震仪组成了检测月震的网络，它可以记录月震发生的时间、位置、强度和震源深度。至1977年为止，8年时间月球上的月震仪共监测到一万多次月震活动。测震仪每年会记到600～3000次月震，震级多数很小，大约不到2级，而从1972年到1977年之间记录的月球表层30千米以内发生的月震次数28次。值得注意的是，这些月震强度不仅足以震动日常家具，而且使月球上的硬岩层持续震动长达数分钟，远比地震时地球软岩石层震动时间长。诱发月震的确切原因尚不清楚，有人认为是由月坑中的滑坡引起的。无论诱发原因是什么，将来对在月球上建造经得起频繁月震考验的建筑物有一定的参考价值。

星系和恒星的未来

若没有异常事件发生，银河系作为一个整体将保持十分稳定，直到宇宙向内爆炸碰到它。但是某些星系确已发生了异常事件，包括我们所理解的类星体、射电星系和塞费特星系之类的星系爆发。因为我们的星系是个旋涡星系，银河系可能出现塞费特现象。在这样的星系中星系核似乎正在爆炸，输送出相对性粒子和热气体。因为塞费特星系中的爆炸只能维持一个相对短的时间，如果要解释在任何一个时间里在进行着数目很多爆炸的事实，则似乎十分可能的道理就是很多的旋涡星系是经历过重复发生的爆炸的。因此，银河系将来大概还能经历塞费特现象。

塞费特星系中在中心十秒差距大小的星系核内有强烈的能量释放，这或许是这个密集区中若干恒星碰撞而产生的。整个核的辐射强度接近太阳光的辐射强度。可能它还含有 X 射线和高能粒子，它们对生命都是有害的。这个预计与一些塞费特星系的观测是一致的，没有星系外部受到星系核内爆炸影响的证据。幸而我们位于距银河系的核十千秒差距处，所以即使银河系成为塞费特星系，对地球也没有损害。

恒星爆发，即超新星，在银河中是常见的，近一千年来已记录到五个。假若我们计入由于星际介质而隐藏在视线以外的银河部分，则似乎在整个银河系内粗略算起来大约每30年左右发生一次。这个估计已得到对类似于银河系的河外星系的观测所证实。

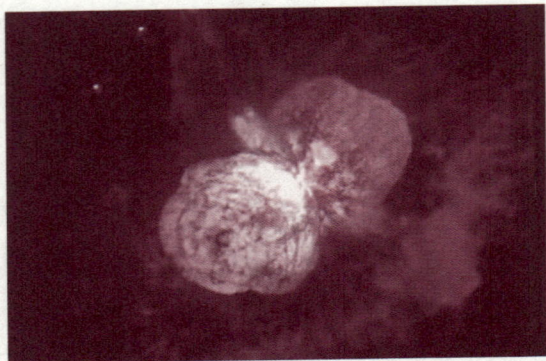

超新星爆发

　　超新星的搅拌对银河中的生命有益。它们显然是重元素的来源，在爆炸的强烈加热下合成了重元素并被抛到空间中。因为这些元素对构成行星并对行星上的生命发展是极为重要的，超新星是生命起源和演化中必需的环节。

　　但超新星对离得太近的有机物是有害的。天鹅座中的幕状星云，它被认为是由几万年前爆发的超新星引起的。现在它的半径为 15 秒差距，含有显著的高速粒子流或宇宙辐射，若不做适当的防护就能伤害有机物。它现在的体积是 14 000 立方秒差距，约为银河系体积的 10^7 倍。假如每世纪有三颗超新星爆发，在 3 亿年以后几乎整个银河系都要受到它的影响。因而在过去 30 亿年间地球上的生物大概接受过 10 次高的剂量的超新星辐射。这些辐射依赖于当时出现的地球磁场和地球大气的性质，因为该磁场给地球以防护。有些权威人士相信这样的超新星事件对生物演化有明显影响。特别是因为遗传变异的速率依赖于放射强度，至少对一定的物种应期望有一个更大的变异速率。尚不知道这是否具有持久的效应。

幕状星云

知识点

高能粒子

高能粒子是现代粒子散射实验中的炮弹，是研究物质基元结构的最有用的工具。而且可以说，到目前为止，几乎是粒子物理学家们唯一的工具，没有高能粒子的散射实验，近代物理几乎不会发展起来。

延伸阅读

星系的形成

星系之形成和演化向来都众说纷纭，有些已经被广泛接受，但仍然有不少人质疑。

星系的形成包含了两方面，一是上下理论，二是下上理论。上下理论是指：星系乃由一次宇宙大爆炸中形成，发生在数亿年前。另一个学说则是指：星系乃由宇宙中旳微尘所形成。原本宇宙有大量的球状星团（globular cluster），后来这些星体相互碰撞而毁灭，剩下微尘。这些微尘经过组合，而形成星系。

太阳的未来在哪里

当然，对地球上的居民最有意义的问题是太阳的命运。我们认为这可由对星系团的研究而得到回答。在很多星系团中，比太阳重的恒星正从主星序里失去，可是同时像太阳那样重的恒星仍留在主星序里。有些星系团中甚至像太阳那样重的恒星也正在脱离主星序。恒星演化到脱离主星序是它因膨胀而成为红巨星，星系团之间的区别只是年龄，只有在最老的星系团中类似太阳的恒星才会演化到离开了主星序的地步。由恒星演化的计算可估计出星系团中类似太阳的恒星要在恰好是 10^{10} 年的年龄时开始做明显的演化。太阳年龄大约只有这个

年龄的一半，即 4.7×10^9 年——我们似乎还可以有 5×10^9 年（大约一个婆罗门日）的日子可过。

太阳开始演化时，它将膨胀而且表面变得较冷因而较红。与此同时它的光度将增加。几千万年以后，它将比现在亮 1000 倍，而且占据天空的很大一部分，因为它的半径将与日地距离相当。水星和金星很有可能被吞没。无论地球是否被吞没，反正地球上的生命将被毁灭，因为太阳的巨大亮度产生的地球温度至少将要达到 1500K。海洋将要沸腾，大气将要逃逸。

行星状星云

太阳很可能不像超新星那样激烈地爆发；这个结局对更重的恒星似乎是有所不同的。更可能的是它将喷出气体从而甩掉它的外层，该气体将成为行星状星云。这样的几次喷发以后，太阳炽热的内部将暴露出来，强烈的紫外光将冲击地球。太阳耗尽它的核燃料后，将慢慢收缩成为白矮星。假若有任何行星物质没有在太阳的红巨星阶段被吞没，没有被它内部发出的紫外线所烤焦，或没有被向外流动的行星状星云摧毁，则可预期它将和白矮星母体长期地、平静地并存着。但生物对未来缺乏希望，因为新的太阳在天空中不过是一个小白点，只有现在亮度的万分之一。地球的温度将下降到绝对零度以上 30 度，过去烧焦了的地球将永远冻结下去。

知识点

紫外光

紫外光是波长比可见光短，但比 X 射线长的电磁辐射。紫外光在电磁波谱中波长范围为 10～400 毫米。这个范围开始于可见光的短波极限，而与长波 X 射线的波长相重叠。紫外光被划分为 A 射线、B 射线和 C 射线（简称 UVA、UVB 和 UVC），波长范围分别为 315～400 毫米，280～315 毫米，190～280 毫米。

延伸阅读

太阳风

太阳风是一种连续存在，来自太阳并以 200～800km/s 的速度运动的等离子体流。这种物质虽然与地球上的空气不同，不是由气体的分子组成，而是由更简单的比原子还小一个层次的基本粒子——质子和电子等组成，但它们流动时所产生的效应与空气流动十分相似，所以称它为太阳风。当然，太阳风的密度与地球上的风的密度相比，是非常非常稀薄而微不足道的，一般情况下，在地球附近的行星际空间中，每立方厘米有几个到几十个粒子。而地球上风的密度则为每立方厘米有 2687 亿亿个分子。太阳风虽然十分稀薄，但它刮起来却猛烈强劲，远远胜过地球上的风。在地球上，12 级台风的风速是每秒 32.5 米以上，而太阳风的风速，在地球附近却经常保持在每秒 350～450 千米，是地球风速的上万倍，最猛烈时可达每秒 800 千米以上。太阳风是从太阳大气最外层的日冕处，向空间持续抛射出来的物质粒子流。这种粒子流是从冕洞中喷射出来的，其主要成分是氢粒子和氦粒子。太阳风有两种：一种持续不断地辐射出来，速度较小，粒子含量也较少，被称为"持续太阳风"；另一种是在太阳活动时辐射出来，速度较大，粒子含量也较多，这种太阳风被称为"扰动太阳风"。扰动太阳风对地球的影响很大，当它抵达地球时，往往引起很大的磁暴与强烈的极光，同时也产生电离层骚扰。太阳风的存在，给我们研究太阳以及太阳与地球的关系提供了方便。

宇宙中生命的最终归宿

没有理由认为太阳或银河系都是独一无二的。可能在每个星系中都有很多恒星带有行星，这些行星中有许多可能栖息着生命。在很多情况下它们可能已演化成某种智能生物。这种广义生命的未来是什么？

我们已谈了些天文事件——宇宙坍缩、银河系爆发、超新星的辐照，这些必然威胁着任意一颗行星上的生命。但看起来对生命最确切的灾难，算是它的恒星演化到红巨星阶段。是否有活着的有机物在行星上面，要看行星上生物发展的时间究竟是大于还是小于恒星演化到红巨星阶段的时间。重恒星演化很快，靠近它的行星上似乎不像能产生和发展生物。另一方面，很低质量的恒星微弱暗淡，似乎行星不能在很靠近恒星，足以用其辐射维持生命的距离内形成。但如果这样的生命得以形成，则它将不会受到几百亿年恒星演化的影响。居于中间情况的是太阳系的情况。生命演化和恒星的演化两者发生在几十亿年的同一时间尺度内。在这些可能较为普遍的情况下一般是生物将被它所属的恒星毁灭。但在这一情况发生以前，还有其他威胁生命存在的危险。

红巨星

每个人都敏锐地觉察到威胁人类生命的危险。环境污染、人口过密、能量极度缺乏，在目前就好像开天辟地以来就有疾病、战争和饥荒威胁着生命一样。但是目前情况有性质上的差别。从前整个城市或地区能被毁灭，而现在则技术上可能对整个民族甚至地球的一部分被战争工具弄得人类不能居住。这样，当我们眺望天空并且沉静地思考我们的命运时，我们感到对生物的最大威胁是其他生物——人类。

我们必须承认，过去人类自相毁灭的记载使人们对未来很难乐观。很可能，问题不是宇宙空间中是否有智能生物，而是地球上是否有智能生物！

人们为了人种存活下去的利益而以使他们的天性更高尚化的能力为基点，提出了一个乐观的估计。然而，其他物种必须依靠侵略来保障一个并不充裕的食物供应，人类的侵略天性已化为部族的感情，从而导致对自己所在的社会以外的人满怀敌意，而对本社会以内的人则寄以深刻的爱。人类的历史可以看作是部族的概念继续扩大到更大的团体的历史，像民族、种族以及最后整个人类。

可以相信与地球外智能生物的通讯能在这个过程中起重要作用。首先，它将强调我们共同的人类，提供了一个所有人类能分享的激动人心的探索。若智能生物被发现了，这种感情将被大大加强。所以与地外人通讯将是我们幸存在地球上人类的希望的源泉。

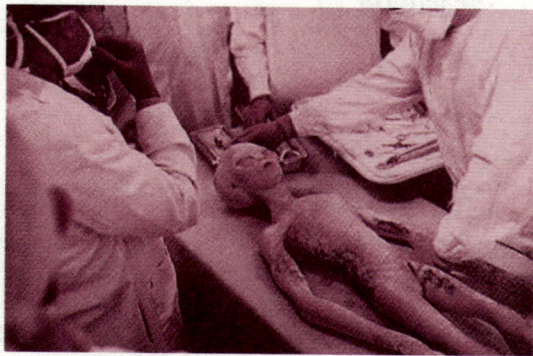
外星人

银河系中其他文明社会可能会给我们许多教导。有人提出恒星中广泛分布的有通讯联系的巨大"星系文明社会"，它在很早以前为了他们互相间的利益就建立起了星际通讯联系。若果真是如此，发现这种通讯联系之一个环节就可以最后导致发现整个星系社会的成员并因而进一步扩展我们关于什么是人类的概念。另一方面，或许目前我们缺乏对银河系中其他生物存在的知识使我们自以为是独此一家的，因而就以为向外迁移、勘察、开拓我们银河系的不过就是我们自己而已。

我们不知道这些事件中哪一件将会发生。我们只知道哪一件也不违背物理和化学规律。确实，如果我们对宇宙演化的理解是正确无误的，它们应该是自我意识到的宇宙发展中的自然事件。

知识点

行 星

行星通常指自身不发光，环绕着恒星的天体。其公转方向常与所绕恒星的自转方向相同。一般来说行星需具有一定质量，行星的质量要足够的大且近似于圆球状，自身不能像恒星那样发生核聚变反应。

延伸阅读

恐龙灭绝之谜

在两亿多年前的中生代，许多爬行动物在陆地上生活，因此中生代又被称为"爬行动物时代"，大地第一次被脊椎动物广泛占据。那时的地球气候温暖，遍地都是茂密的森林，爬行动物有足够的食物，逐渐繁盛起来，种类越来越多。它们不断地分化成各种不同种类的爬行动物，有的变成了今天的龟类，有的变成了今天的鳄类，有的变成了今天的蛇类和蜥蜴类，其中还有一类演变成今天遍及世界的哺乳动物。

恐龙是所有陆生爬行动物中体格最大的一类，很适宜生活在沼泽地带和浅水湖里，那时的空气温暖而潮湿，食物也很容易找到。所以恐龙在地球上统治了一亿多年的时间，但不知什么原因，它们在 6500 万年前很短的一段时间内突然灭绝了，今天人们看到的只是那时留下的大批恐龙化石。

宇宙会热得叫人受不了吗

宇宙会热得叫人受不了吗？在说明这个问题之前，先来看一个简单的例子。

将一个容器分为两部分 A 和 B，开始二者温度不同，经若干分钟后，二者可以自动达到平衡。试问，能否让它们自动地回到原来的非平衡状态吗？一般来说是不可能的。

1854 年，德国科学家亥姆赫兹曾指出，宇宙能使所有的能量转化为热，并最终使之处于均匀状态，进而"宇宙将陷入永恒的静止状态"。这就是最早的热死说或称热寂说，也称作热死佯谬或热力学佯谬。

热死佯谬是一个"非常残酷"的结论，那死寂的宇宙不啻是可怕的地狱，俨然是"世界末日"的宣判。为了消除热死佯谬，许多科学家参与了有关的研究和探索。

德国物理学家克劳修斯和奥地利物理学家玻尔兹曼展开争论。后者认为，宇宙并非只向一个方向延伸，有可能向相反的方向延伸。

恩格斯也不同意热死佯谬的观点，他认为这是同能量守恒原理的互相矛盾。

由于热死佯谬同宇宙无限论相矛盾，主张大爆炸学说的宇宙学家则从宇宙膨胀的观点加以解决。

宇宙物质中分为粒子和辐射（如光线、红外线、紫外线、X射线）。由于宇宙的热膨胀，粒子是热平衡的，辐射也是热平衡的，但二者之间不是热平衡的，达到热平衡尚须一定的时间。由于引力作用，它们没有足够的时间来达到热平衡。

尽管人们不希望宇宙变炽热，希望生命和文明得以延续下去，但彻底解决热死佯谬尚需进一步的探索。

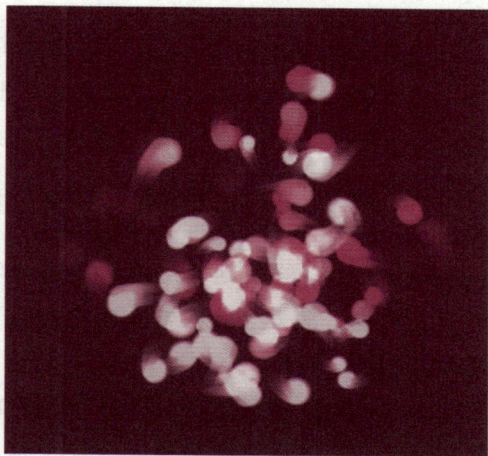

粒 子

知识点

克劳修斯

克劳修斯（1822年1月2日~1888年8月24日），德国物理学家和数学家，热力学的主要奠基人之一。他重新陈述了萨迪·卡诺的定律（又被称为卡诺循环），把热理论推至一个更真实更健全的层次。他最重要的论文于1850年发表，该论文是关于热的力学理论的，其中首次明确指出热力学第二定律的基本概念。他还于1855年引进了熵的概念。

延伸阅读

宇宙年龄推算

宇宙年龄约为 137.5 亿年。使用整个星系作为透镜观看其他星系，目前研究人员最新使用一种精确方法测量了宇宙的体积大小和年龄，以及它如何快速膨胀。这项测量证实了"哈勃常数"的实用性，它指出了宇宙的体积大小，证实宇宙的年龄约为 137.5 亿年。

研究小组使用一种叫作引力透镜的技术测量了从明亮活动星系释放的光线沿着不同路径传播至地球的距离，通过理解每个路径的传播时间和有效速度，研究人员推断出星系的距离，同时可分析出它们膨胀扩张至宇宙范围的详细情况。

科学家们经常很难识别宇宙中遥远星系释放的明亮光源和近距离昏暗光源之间的差异，引力透镜回避了这一问题，能够提供远方光线传播的多样化线索。这些测量信息使研究人员可以测定宇宙的体积大小，并且天体物理学家可以用哈勃常数进行表达。

KIPAC 研究员菲尔·马歇尔说："长期以来我们知道透镜能够对哈勃常数进行物理性测量。"而当前引力透镜实现了非常精确的测量结果，它可以作为一种长期确定的工具提供哈勃常数均等化精确测量，比如：观测超新星和宇宙微波背景。他指出，引力透镜可作为天体物理学家的一种最佳测量工具测定宇宙的年龄。

白矮星的未来在哪里

著名的宋代诗人苏东坡曾写下一首《江城子》，其中有这样的词句：

会挽雕弓如满月，西北望，射天狼。

天狼星是天空中第一亮的恒星，古人曾认为它"主侵掠"，然而到近代才对它仔细研究。

天狼星的发光强度是太阳的26倍，是一颗很普通的恒星。它距地球不足9光年，距离算是较近的。1834年，德国天文学家贝塞尔开始对天狼星进行细致的研究。贝塞尔发现它的行为很古怪，运动缺乏规律，好像是波浪式地向前运动着。贝塞尔断定，天狼星不是独自的一颗星，可能是双星，还应该有一颗伴

天狼星

星，正是这个神秘的伴星使可见的天狼星运动呈非直线的轨迹。经过计算后，贝塞尔确定了天狼星伴星的位置，不过他并未指望有人能找到它。

到1862年，美国著名的仪器制造者克拉克利用观测天狼星来检验一架46厘米的新望远镜性能。当他对准天狼星时，立即看到一颗暗淡的星，这就证明了贝塞尔的预言是正确的。然而，真正使人惊讶的是，1915年，英国天文学家亚当斯发现这颗星不是一颗冰冷的红星，而是表面温度达8000℃的白色恒星。后来进一步观测是一颗直径为3.8万千米的白矮星。同肉眼可见的天狼星相比，它的密度很高，达10吨/立方厘米。

耀眼的天狼星

白矮星的引力很大，它使原子核排列极密，密度极高。有些天文学家认为，白矮星的结构很不稳定，其引力的作用可使白矮星进一步收缩，使它的密度更高，甚至变为中子星或黑洞。但是，这种说法并未被天文学界所普遍接受。

此外，一般认为，自矮星是死去的星。但也有人认为，在条件适当之时，白矮星会"死灰复燃"。在距离较近的双星系统中，其中的白矮星会吸收另一子星的物质。吸收的氢气包围着白矮星，并形成氢气包。当温度足够高时，它就会发生热核反应

而释放能量。这就是所谓的"新星爆发"。如果吸取物质足够多，是否会超过白矮星的质量极限而进一步演变成中子星呢？

这些新星爆发的产物继而演变成中子星的问题仍在研究之中，这些谜团有待解开。

知识点

贝塞尔曲线

贝塞尔曲线，又称贝兹曲线或贝济埃曲线，是应用于二维图形应用程序的数学曲线。一般的矢量图形软件通过它来精确画出曲线，贝塞尔曲线由线段与节点组成，节点是可拖动的支点，线段像可伸缩的皮筋，我们在绘图工具上看到的钢笔工具就是来做这种矢量曲线的。当然在一些比较成熟的位图软件中也有贝塞尔曲线工具，如 PhotoShop 等。在 Flash 4 中还没有完整的曲线工具，而在 Flash 5 里面已经提供出贝塞尔曲线工具。

延伸阅读

白矮星形成过程

当红巨星的外部区域迅速膨胀时，氦核受反作用力却强烈向内收缩，被压缩的物质不断变热，最终内核温度将超过一亿度，于是氦开始聚变成碳。

经过几百万年，氦核燃烧殆尽，现在恒星的结构组成已经不那么简单了：外壳仍然是以氢为主的混合物，而在它下面有一个氦层，氦层内部还埋有一个碳球。核反应过程变得更加复杂，中心附近的温度继续上升，最终使碳转变为其他元素。

与此同时，红巨星外部开始发生不稳定的脉动振荡：恒星半径时而变大，时而又缩小，稳定的主星序恒星变为极不稳定的巨大火球，火球内部的核反应也越来越趋于不稳定，忽而强烈，忽而微弱。此时的恒星内部核心实际上密度已经增大到每立方厘米十吨左右，我们可以说，此时，在红巨星内部，已经诞生了一颗白矮星。

小行星会撞击地球吗

　　地球每年大约遭遇500万个陨石的撞击，绝大多数陨石重量不超过1克，在进入大气层不久就被烧毁了，能够落到地表的陨石仅约20个，因地球太大，真正被人发现的陨石不多。

　　有迹象表明，在史前时期曾有过更为严重的撞击现象。美国亚利桑那州的可可尼诺郡有一个宽约1.3千米、深达193米的圆坑，周围的土堆有30～40米高，看起来就像一个小型的月坑。长久以来它一直被认为是一座死火山。但一个名叫巴林杰的矿石工程师却坚持认为这是陨石撞击的

亚利桑那州陨石坑

结果。现在，这个坑便被称为巴林杰陨石坑。坑口有数千吨（也可能数百万吨）的陨石铁块堆积，虽然目前只发现一小部分，但从该地及附近的陨石中所提取的铁比从世界其他地方的陨石中所提取的铁的总量还要多。由于1960年在这里发现了硅，从而证实了它的起源是陨石造成的。因为硅仅能在受陨石冲击时所产生的瞬间高压及高温下生成。

　　据估计，巴林杰陨石坑大约是25000年前由一个直径46米左右的铁陨石撞击在这荒无人烟的土地上所造成的，目前它保存得相当完好。在世界上大多数地区，类似的陨石坑很多已被水或植物的生长所掩盖。从飞机上观察，以前也曾看见过许多不引人注意的圆形凹陷地貌，其中有的充满了水，有的长满了植物，它们几乎都是陨石坑。在加拿大就发现了好几处，包括安大略中部的布伦特陨石坑和魁北克北部的查布陨石坑，每一个直径都有3千米或更大。加纳的亚山蒂陨石坑直径则达9.6千米，它们都可能有100万年以上的历史，已知

大约有 70 个这类的古老陨石坑，直径总会达 137 千米左右。

多年来，许多学者一直在论证"阿特兰提斯"古大陆。这个假说中的古大陆位于大西洋中部，早在数千年前，那里已进入高度文明的社会。后来，这个古大陆却突然消失得无影无踪！考古学者借助各种先进的设备对大西洋底部进行搜寻：在深达几千米的洋底，他们发现了各种巨大的石建筑物遗址，这说明确有一块曾经繁衍过古文明的陆地沉入海底。一些学者注意到，这些遗址正好处于前边提到的大西洋中部的陨石坑的边缘上。因此，有人推断这是陨星的撞击，使这块陆地陷入洋底。

印第安人

在中美洲，古印第安人曾创造出灿烂的玛雅文化，大量的建筑遗址使现代人也为之惊叹，然而，古印第安人在 1000 年前却突然离弃了这块富饶的土地。近些年来有些学者试图用"陨星撞击说"来解开这个谜底。他们发现，中美洲许多地方都有一些形同锅底的大小湖泊。此外还发现了无数个巨大的石球。在后来的古印第安人创作的壁画和浮雕中，也多次出现了火球的图像。因此，学者推断，在 1000 年前，中美洲地区曾持续不断地受到陨石群的侵扰，古印第安人十分恐惧，于是仓促地逃离了家园。

小行星撞击地球的危险究竟有多大？现已观测到的近 12 万颗小行星，绝大多数（约占 99%）都聚集在火星和木星运行轨道之间的一个宽阔的小行星带区，它们不停地环绕太阳运转，安分守己，对地球没有任何威胁。但也有个别小行星易受大行星引力、摄动的影响而偏离原来运行的轨道，可能会冲向地球轨道。在数十万颗小行星中，真正可能对地球造成威胁的是那些近地的、称为"阿波罗体"的小行星。

国际上把在近日点附近与太阳的距离小于 1.67 天文单位的小行星称为阿波罗型小行星或叫阿波罗体。据估计，直径在 0.7～1.5 千米的阿波罗型小行星，大约有 500～1000 颗，它们确实对地球存在着潜在的危胁。1997 年 1 月

20日，北京天文台的青年天文学家发现了一颗比"赫米斯"小行星更危险的近地小行星，它运行到与地球轨道最近处距地球只有7.5万千米，还不及月地距离的1/5，其直径达1.4千米。这颗小行星暂定编号为1997BR。如此大的小行星，它的轨道与地球轨道的距离又这么近，实在令人为之一震。这一重要发现，立即引起全世界天文学家的密切关注，这颗小行星成为有史以来被天文学家观测得最多的获暂定编号的小行星。目前，天文学家正在密切注视着它的动向。

知识点

大气层

大气层（atmosphere）又叫大气圈，地球就被这一层很厚的大气层包围着。大气层的成分主要有氮气，占78.1%；氧气占20.9%；氩气占0.93%；还有少量的二氧化碳、稀有气体（氦气、氖气、氩气、氪气、氙气、氡气）和水蒸气。大气层的空气密度随高度而减小，越高空气越稀薄。大气层的厚度大约在1000千米以上，但没有明显的界限。整个大气层随高度不同表现出不同的特点，分为对流层、平流层、中间层、暖层和散逸层，再上面就是星际空间了。

延伸阅读

小行星的形成

早期，天文学家以为小行星是一颗在火星和木星之间的行星破裂而成的，但小行星带内的所有小行星的全部质量比月球的质量还要小。今天天文学家认为小行星是太阳系形成过程中没有形成行星的残留物质。木星在太阳系形成时的质量增长最快，它防止在今天小行星带地区另一颗行星的形成。小行星带地

区的小行星的轨道受到木星的干扰，它们不断碰撞和破碎。其他的物质被逐出它们的轨道与其他行星相撞。大的小行星在形成后由于铝的放射性同位素 26Al（和可能铁的放射性同位素 60Fe）的衰变而变热。重的元素如镍和铁在这种情况下向小行星的内部下沉，轻的元素如硅则上浮。这样一来就造成了小行星内部物质的分离。在此后的碰撞和破裂后所产生的新的小行星的构成因此也不同。有些碎片后来落到地球上成为陨石。

木星会是下一个太阳吗

在太阳系行星的家族中，木星的个头可算是老大哥了，它的体积和质量分别是地球的 1320 倍和 318 倍。此外，它还有个与众不同的特点，它有自己的能源，是一颗能发光的行星。在人们的思想中，行星不具备发光的能力，是靠反射太阳光线而发光的。近些年来，人们通过对木星的研究，证实木星正在向周围的宇宙空间释放巨大的能量，它释放的能量，是它从太阳那里所获得的能量的两倍，说明木星的能量有一半来自于它的内部。

科学家根据"先驱者"10号和 11 号飞船探测的结果表明，木星是由液态氢构成的，它同太阳一样，没有坚硬的外壳，它所释放的能量，主要是通过对流形式来实现的。

苏联科学家苏奇科夫和萨利姆齐巴罗夫在 1982 年发表的看法认为，木星的核心温度已高达 280 000℃，正在进行热核反应。木星除把自己的引力能转换成热

木星的大气层

能外，还不断吸积太阳放出的能量，这就使它的能量越来越大，且越来越热，并保证了它现在的亮度。观察表明，由于木星向周围空间释放热能，已融化了它的卫星——木卫 1 上的冰层，其他三颗卫星——木卫 2、木卫 3 和木卫 4 仍覆盖着冰层。

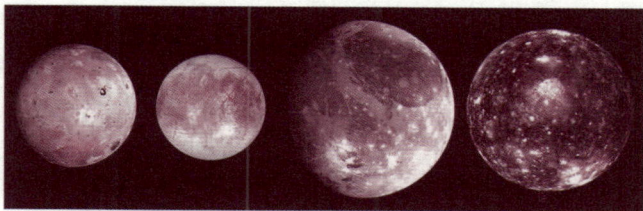

木星的卫星

就木星的发展趋势来看，很可能成为太阳系中与太阳分庭抗礼的第二颗恒星。据研究，30亿年以后，太阳就到了它的晚年，木星很可能取而代之。

也有人认为，木星距取得恒星资格的距离还很远，虽然它是行星中最大的，但它跟太阳比起来，却是小巫见大巫了，其质量也只有太阳的 1/1000。恒星一般都是熊熊燃烧的气体球，木星却是由液体状态的氢组成。尽管木星也能发光，但与恒星相比，又算不得什么了。所以有人说，木星不是严格意义上的行星，更不是严格意义上的恒星，而是处在行星和恒星之间的特殊天体。

知识点

卫 星

卫星是指在围绕一颗行星轨道并按闭合轨道做周期性运行的天然天体或人造天体。

月球就是最明显的天然卫星的例子。在太阳系里，除水星和金星外，其他行星都有天然卫星。太阳系已知的天然卫星总数（包括构成行星环的较大的碎块）至少有160颗。天然卫星是指环绕行星运转的星球，而行星又环绕着恒星运转。就比如在太阳系中，太阳是恒星，我们地球及其他行星环绕太阳运转，月亮、土卫一、天卫一等星球则环绕着我们地球及其他行星运转，这些星球就叫作行星的天然卫星。土星的天然卫星第二多，目前已知61颗。木星的天然卫星最多，其中63颗已得到确认，至少还有6颗尚待证实。天然卫星的大小不一，彼此差别很大。其中一些直径只有几千米大，例如，火星的两个小月亮，还有木星、土星、天王星外围的一些小卫星。还有几个却比水星还大，例如，土卫六、木卫三和木卫四，它们的直径都超过5200千米。

延伸阅读

木星磁场

宇宙飞船发回的考察结果表明，木星有较强的磁场，表面磁场强度达3~14高斯，比地球表面磁场强得多（地球表面磁场强度只有0.3~0.8高斯）。木星磁场和地球的一样，是偶极的，磁轴和自转轴之间有10°8′的倾角。木星的正磁极指的不是北极，而是南极，这与地球的情况正好相反。由于木星磁场与太阳风的相互作用，形成了木星磁层。木星磁层的范围大而且结构复杂，在距离木星140万~700万千米之间的巨大空间都是木星的磁层；而地球的磁层只在距地心5万~7万千米的范围内。木星的四个大卫星都被木星的磁层所屏蔽，使之免遭太阳风的袭击。地球周围有一条称为范艾伦带的辐射带，木星周围也有这样的辐射带。"旅行者1号"还发现木星背向太阳的一面有3万千米长的北极光。1981年初，当"旅行者2号"早已离开木星磁层飞奔土星的途中，曾再次受到木星磁场的影响。由此看来，木星磁尾至少拖长到6000万千米，已达到土星的轨道上。

木星的两极有极光，这似乎是从木卫一上火山喷发出的物质沿着木星的引力线进入木星大气而形成的。木星有光环。光环系统是太阳系巨行星的一个共同特征，主要由黑色碎石块和雪团等物质组成。木星的光环很难被观测到，它没有土星那么显著壮观，但也可以分成四圈。木星环约有9400千米宽，但厚度不到30千米，光环绕木星旋转一周需要大约7小时。

月亮正在逃离地球吗

月亮离地球有38万千米之遥。科学家在研究地球上一种罕见的"玻璃体"时，却在月亮上找到了答案；科学家在研究生活在太平洋中的鹦鹉螺时，却发现了月亮正悄悄离地球而去。

1787 年以来，在中国、美国、菲律宾、象牙海岸和澳大利亚等国，先后发现了一种细小的"玻璃体"，有淡绿色的，也有棕黄色的，一般像胡桃大小，最小的像米粒，最大的像柚子。它们的形状有的呈球形，有的呈扁圆形，它们的含水量比任何岩石都低。

月球和地球

1979 年，中国国家地震局北京地质大队、北京师范大学地理系在分析处理北京顺义 1 号钻井岩石样品中，在显微镜下有一种有趣的透明玻璃质物体，形象非常奇特。它没有棱角，在 1000℃ 高温中，只是颜色变深，它不是生物的分泌物，也不是火山物质。通过光性测定、电子探针成分测定，这些玻璃物质是"显微熔融石"。熔融石又叫"玻陨石"，我国雷州半岛和海南岛等地早有发现。

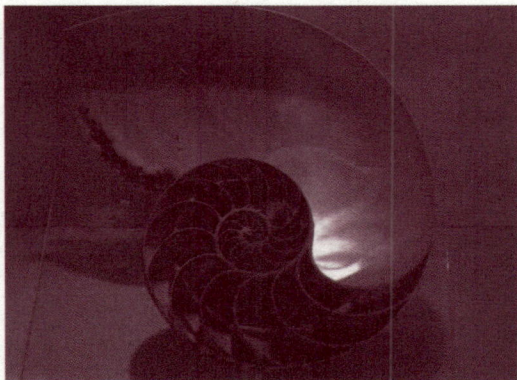

鹦鹉螺

1978 年 10 月，英国《自然》杂志报道，美国地理学家——普林斯顿大学的卡姆和科罗拉多州立大学的普姆庇对鹦鹉螺进行研究，解剖了千百只鹦鹉螺后，发现它们是一种奇妙的"时钟"，外壁上的生长纹默默地记载着月亮在地质年代中的变化历程。

这是怎么回事呢？原来，生活在太平洋南部水域里的一种鹦鹉螺，是地球上的"活化石"。它是一种奇异的软体动物，身上背着一个大贝壳，外貌同蜗牛有点相似。外壳呈灰白色，腹部洁白，背部有棕黄色的横条纹。壳内由隔膜分隔成许多"小室"，最外的一个小室最大，是它居住的地方，叫"住室"。以后的其他小室，体积较小，可贮存空气，叫作"气室"。隔板中央有细管通气室和肉体相联系。鹦鹉螺依靠调节气室里空气的数量，使自身在海中沉浮，夜间来到洋面吸取氧气，白天就转移到海洋深处，改为厌氧呼吸。鹦鹉螺在吸取氧气的时候，要分泌出一种碳酸钙，并在它的贝壳出口处储存起来。白天，在厌氧呼吸过程中，碳酸钙会慢慢地溶解，并留下一条条小槽——生长纹。

有趣的是，鹦鹉螺的壳很大，有许多弧形隔板分成许多个小室，每个气室之间的生长纹约 30 条左右，同现代的朔望月十分接近。生长纹每天长一圈，气室一个月长一格。

两位美国学者还考察、研究了新生代、中生代和古生代的鹦鹉螺化石，发现同一地质年代化石生长纹相同，不同地质年代化石的生长纹就不同。新生代渐新世的螺壳上，是 26 条；中生代白垩纪的螺壳上，是 22 条；侏罗纪的螺壳上是 18 条；吉生代石炭纪的螺壳上，是 15 条；奥陶纪的螺壳上是 9 条。由此，人们就设想，在 4 亿多年前，月亮绕地球一周是 9 天，而随着时间的变迁，月亮的公转周期，逐渐变成 15 天、18 天、22 天、26 天，而到今天的 29 天多。

他们还根据引力等法则做了进一步推算，所得的结果是：4 亿年前，月亮和地球之间的距离只等于现在的 43% 左右，7000 万年来，月亮以每年 94.5 厘米的速度离地球而去。

日　食

月亮是地球的天然伴侣，从它开始围绕地球转第一圈的时候起，就已经存在着离开地球的可能，只是因为它被地球强大的吸引力给"挽留"住了，所以没能走脱。

那么，今后会怎样呢？另一些科学家通过对日食的观察，根据 3000 年间的天文记录的计算，发现月亮正在以每年 5.8 厘米的平均速度，在悄悄地离地球而远去。

科学家得出的月亮脱离地球的速度虽然不同，可是一致的是，月亮正在缓慢地离地球而去。长此下去，月亮总有一天会逃脱地球的束缚，逃之夭夭。这倒不用杞人忧天，因为那将是千百万年、几亿年，甚至几十亿年以后的事。到那时候，随着科学的进步，人类也许有可能用自己的智慧和劳动来挽留月亮，让这颗美丽的星球永远陪伴着地球。

▶▶ 知 识 点

鹦鹉螺

鹦鹉螺是海洋软体动物，共有七种，仅存于印度洋和太平洋海区，壳薄而轻，呈螺旋形盘卷，壳的表面呈白色或者乳白色，生长纹从壳的脐部辐射而出，平滑细密，多为红褐色。整个螺旋形外壳光滑如圆盘状，形似鹦鹉嘴，故此得名"鹦鹉螺"。鹦鹉螺已经在地球上经历了数亿年的演变，但外形、习性等变化很小，被称作海洋中的"活化石"，在研究生物进化和古生物学等方面有很高的价值。在现代仿生科学上也占有一席之地，1954年世界第一艘核潜艇"鹦鹉螺"号诞生，许多国家的潜艇也以"鹦鹉螺"命名。

延伸阅读

月 海

在地球上的人类用肉眼所见月面上的阴暗部分实际上是月面上的广阔平原。由于历史上的原因，这个名不副实的名称便保留下来了。

已确定的月海有22个，此外还有些地形称为"月海"或"类月海"的。公认的22个绝大多数分布在月球正面。背面有3个，4个在边缘地区。在正面的月海面积略大于50%，其中最大的"风暴洋"面积约五百万平方千米，差不多是九个法国面积的总和。大多数月海大致呈圆形、椭圆形，且四周多为

一些山脉封闭住，但也有一些海是连成一片的。除了"海"以外，还有五个地形与之类似的"湖"——梦湖、死湖、夏湖、秋湖、春湖，但有的湖比海还大，比如梦湖面积7万平方千米，比汽海等还大得多。月海伸向陆地的部分称为"湾"和"沼"，都分布在正面。湾有五个：露湾、暑湾、中央湾、虹湾、眉月湾；沼有三个：腐沼、疫沼、梦沼，其实沼和湾没什么区别。

月海的地势一般较低，类似地球上的盆地，月海比月球平均水准面低1~2千米，个别最低的海如雨海的东南部甚至比周围低6000米。月面的反照率（一种量度反射太阳光本领的物理量）也比较低，因而看起来显得较黑。

太阳是在收缩还是在膨胀

美国天文学家埃迪对"蒙德极小期"的看法，在天文学界引起了长时间的激烈争论，对认识太阳活动的规律具有重要意义。1974年，他又提出一个极其大胆的观点——太阳正在收缩。太阳直径约为140万千米，差不多每100年缩短1647千米，如果太阳按照这个速度缩小下去，不出10万年，太阳就会化为乌有。

格林尼治天文台

埃迪的话有根据吗？有。他曾仔细研究了英国格林尼治天文台从1836~1953年的太阳观测资料。他发现在观测的117年间，太阳直径是在不断收缩的。为了进一步检验这一结论，他还研究了美国海军天文台从1846年以来的观测记录，这同上面的结论一致。另外，埃迪还注意到1567年4月9日的一次日环食。当时有人计算，这应是一次日全食。埃迪解释道，那时的太阳比现在的太阳大，月亮遮不严太阳光线，为此就出现了一个亮环。

埃迪结论的根据主要是来自格林尼治天文台的观测数据。然而，别的天文台也不甘寂寞，他们也根据自己的观测记录来演算。例如，著名的德国哥廷根天文台也保存着较好的太阳观测资料，他们的计算表明，在 200 多年内太阳的大小变化不大，比起埃迪的数值要小得多。

天文学家也根据水星凌日的材料加以论证。根据 42 次水星凌日的观测记录发现，300 年来，太阳非但没有缩小，还略有增大。此外，英国天文学家帕克斯还借助 1981 年日全食的机会进行了相关的观测，其结论也是不利于埃迪的。1987 年，中国上海天文台与美国海军天文台合作，将当年 9 月 27 日日全食资料一起处理后与 1715 年的资料比较，结果表明：太阳确有收缩，但只是埃迪数值的 1/5。有些科学家从其他的日全食资料也得出结论，

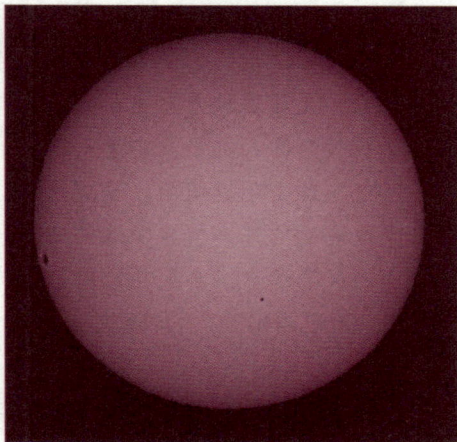

水星凌日

也只有埃迪数值的 1/10。法国巴黎天文台的结果说明，太阳有收缩，也有膨胀。

知识点

水星凌日

在地球轨道内绕太阳旋转的水星和金星叫内行星，水星凌日现象和日月食现象很相像。由于水星轨道和黄道面重合，有一个 7 度的夹角，地球和水星恰好在它们的轨道焦点附近，这个时候太阳、水星、地球在一条直线上才会发生水星凌日。

太阳光球

　　太阳光球就是我们平常所看到的太阳圆面，通常所说的太阳半径也是指光球的半径。光球层位于对流层之外，属太阳大气层中的最低层或最里层。光球的表面是气态的，其平均密度只有水的几亿分之一，但由于它的厚度达 500 千米，所以光球是不透明的。光球层的大气中存在着激烈的活动，用望远镜可以看到光球表面有许多密密麻麻的斑点状结构，很像一颗颗米粒，称之为米粒组织。它们极不稳定，一般持续时间仅为 5 ~ 10 分钟，其温度要比光球的平均温度高出 300℃ ~400℃。目前认为这种米粒组织是光球下面气体的剧烈对流造成的现象。

　　光球表面另一种著名的活动现象便是太阳黑子。黑子是光球层上的巨大气流旋涡，大多呈现近椭圆形，在明亮的光球背景反衬下显得比较暗黑，但实际上它们的温度高达 4000℃ 左右，倘若能把黑子单独取出，一个大黑子便可以发出相当于满月的光芒。日面上黑子出现的情况不断变化，这种变化反映了太阳辐射能量的变化。太阳黑子的变化存在复杂的周期现象，平均活动周期为 11.2 年。

人类探索宇宙的活动

　　时至今日，人类的活动范围已经拓展到了外太空。人类正积极地为自己寻找"第二个地球"，同时，也是想弄明白人类自身的存在、未来以及时间的价值。

　　人类探索宇宙的工具也在逐步地更新，由早期的望远镜观测，到载人航天飞船，人类已经跨出了飞跃性的一大步。

　　月球、金星、水星等已经留下了人类探测的痕迹，其中，月球上已经留下了人类的足印，已经有中国人环游太空，各种探测卫星、通信卫星已经为人类所用。相信以后，人类能更多地利用宇宙资源为自己造福。

探测宇宙的先进工具

　　人们常说，天文学是观测的科学，它通过对遥远天体的观测来研究它的性质和规律。观测工具的第一次大进步是望远镜的发明。三百多年来，望远镜经过了许许多多的改进。它的机械装置越来越精密了。现代望远镜可以极其精确地跟踪天体的运动，而且发展到高度自动化的程度。只要把星体的位置和观测程序写下来输进电子计算机，电子计算机就会自动操纵望远镜对准目标按程序观测，并且立即从计算机输送出观测结果的数据和图表。

　　望远镜的口径也越来越大，因而收集的光也就越来越多。原来看不见的许多遥远的暗弱天体也可以看见了，把人的视野扩充到更广阔的空间。望远镜的信号接受装置也更加灵敏了。起初只能用眼睛在望远镜后面看，20 世纪初在望远镜后面加上了照相机，可以给天体留影。照相观测灵敏，准确，客观，容易保存。20世纪中叶，又增加光电倍增管来观测天体的亮度，灵敏度大大提高。近二三十年来又采用了像增强器、电视、二极管阵等新技术，把光信号变成电子信号然后再放大还原成光，效率更高了，到现在已经发展到进入望远镜的一颗颗光子也能数出来了。

精密度、自动化、聚光力和灵敏度的进步使观测走向现代化，对天文学的发展有很大的推动。不过，望远镜还是望远镜，没有根本的变化。观测工具的重大突破应该归之于射电天文学的出现。

1932年，年轻的美国工程师扬斯基发现他的无线电接收机接收到一个来历不明的信号，这个信号每天出现，出现的时间每天早4分钟。他想到星星升起的时间也是每天提早4分钟，便正确地断定这个信号来自地球以外的空间。这一发现使天文学家很感兴趣，希望能建造一种天线来定出这种信号的来源。由于第二次世界大战，计划推迟了。战后，英国宣布，在战争期间他们的雷达站曾经发现太阳有很强的无线电"干扰"。

无线电波发射装置

天体会发出无线电波，这是一个重大发现。战后，专门用来探测的无线电仪器做成了，陆续发现了许许多多的发射无线电波的天区。这些电波的波源是什么呢？它们为什么发出无线电波？针对这些问题，研究天体发射的无线电波的射电天文学发展起来了。

以前，我们只能用望远镜去看天体发来的光，现在却可以用接收机去听天体发来的无线电。射电天文学展开了天文学崭新的一页。

观测天体的射电波的无线电接收装置是射电望远镜。它虽然没有玻璃做成的镜头，但是我们仍然把它叫作望远镜。它的观测对象是天体，"望远"是无疑的。然而，为了望远，就需要有高度定向的能力，又要能把天体的微弱的射电波汇集起来，就需要用很大的抛物面天线。抛物面的作用和反光望远镜十分相像，都是通过反射使光线或电波聚焦。所以射电望远镜倒也名副其实。

本来，射电波和光线都是电磁波，只是波长不同罢了。光线是波长 0.4 ~ 0.7 微米左右的看得见的电磁波，射电波是波长一毫米到几百米长的看不见的电磁波。射电波波长比光线长，因此，反射抛物面的表面不必像光学望远镜镜面那样光滑，对于波长一米以内的米波，甚至用金属网就可以把它很好地反射聚集起来，但是需要更大的天线口径。所以射电望远镜最醒目的形象是一尊巨大的抛物面天线。

世界各国都在力图制造更大型的射电望远镜，同时还采用多天线阵的方法把小抛物面联合起来取得大抛物面的效果。现在世界最大的射电望远镜直径是 305 米，装在波多黎各。

射电望远镜最大的贡献是扩展了我们观测天体的波长范围，原来我们只能通过狭小的光学窗口去看天体，现在又打开了一个新的无线电窗口。帷幕拉开，大量的新的知识之光投射进来。20 世纪 60 年代中期，它给我们带来了一系列重大的新发现，类星体、脉冲星、背景辐射、分子辐射……

知识点

望远镜

望远镜是一种利用凹透镜和凸透镜观测遥远物体的光学仪器。利用通过透镜的光线折射或光线被凹镜反射使之进入小孔并会聚成像，再经过一个放大目镜而被看到。又称"千里镜"。望远镜的第一个作用是放大远处物体的张角，使人眼能看清角距更小的细节。望远镜第二个作用是把物镜收集到的比瞳孔直径（最大 8 毫米）粗得多的光来，送入人眼，使观测者能看到原来看不到的暗弱物体。1608 年荷兰人汉斯·利伯希发明了第一部望远镜。1609 年意大利佛罗伦萨人伽利略·伽利雷发明了 40 倍双镜望远镜，这是第一部投入科学应用的实用望远镜。

延伸阅读

太阳观测卫星

从空间观测太阳，主要是利用地球轨道太阳观测卫星、某些深空探测器和天空实验室上的阿波罗望远镜装置。此外，许多地球物理探测卫星，例如，轨道地球物理台（OGO）系列，也有太阳观测实验项目。20 世纪 60 年代初期，美国相继开始发射两个持续整个太阳活动周的太阳观测卫星系列——太阳辐射监测卫星（SOLRaD）轨道太阳观测台（OSO）系列。苏联的太阳观测卫星，除"宇宙号"系列中的某些卫星以及苏联和东欧国家合作的"国际宇宙"系列中的一些卫星外，主要包括在"预报号"系列中。"预报号"和行星际监测站（IMP）系列分别为苏联和美国用来作为研究日地关系、考察太阳风、行星际磁场、地球磁层以及行星际物质等特性的行星际监测站。此外，欧洲空间局先后发射了研究太阳和辐射的国际辐射研究（IRIS）卫星，以非太阳探测为主、太阳观测为辅的"特德"–1A（TD–1A）卫星，并与美国合作发射了"国际日地关系探险者"（ISEE）。西德与美国合作发射了"太阳神"（Helios）卫星。"太阳神号"到达离太阳约 0.3 天文单位处，进入日心轨道，是目前最接近太阳的深空太阳观测器。天空实验室是多用途的实验性载人轨道空间站，它携带的紫外线和 X 射线等波段对太阳进行高分辨率的电视和照相观测。

人类的触手伸向了空间

新的窗口带来了新的知识。但是在整个电磁波范围中，我们也还只观察了两个波段。我们的眼界难道不能更开阔些，来观测研究天体的全部电磁波吗？

为了了解其他剩下的波段，我们应该研究一下整个电磁波范围，看看电磁波在不同波长的特点。我们最熟悉的是可见光波段，紫光波长最短，红光波长最长，从紫到红只占据了 0.4～0.7 微米这样狭窄的波长范围。再往长波方向看，到射电波之间，从 0.7 微米到 0.1 毫米或更长一些的这一段波长的辐射眼睛看不见，射电望远镜也接受不着，因为它比红光波长还长，叫作红外线。短波方面，比紫光波长更短的是紫外线，波长大约在 0.01 ~ 0.4 微米或更短一些；再短的是 X 射线，也就是 X 光；最短的是 γ 射线，波长不到 0.0001 微米。γ 射线、X 射线、紫外线、可见光、红外线、射电波，依次排列成为一条完整的电磁波谱。

红外线、紫外线、X 射线、γ 射线虽然看不见，但是用特殊的仪器可以探测到。不过探测天体在这些波段的辐射却很困难，因为这种辐射很容易被大气吸收。地球被一层厚厚的大气包围着，任何天体的辐射都要通过这层大气才能到达地面，而大气几乎把这些辐射全部吸收了。

大气是隔在天体和我们之间的帷幔和墙壁，只留下了可见光和无线电波段两个窗口。

天体发射各种波长的电磁波，如果我们只从两个波段来观察和判断天体的性质，岂不是瞎子摸象！这种情况是不能容忍的，必须越过大气的障碍。

要克服大气的障碍，必须走向空间。

人们开始时用气球把仪器升到几十千米的高空，因为越高大气越稀薄，大气对各种辐射的吸收少多了。结果观测到一些本来看不见的来自天体的辐射。后来又采用火箭可以到一百千米以上的高空观测，观测到的天体紫外、红外、X 射线和 γ 射线辐射更多

火　箭

了。但是，气球和火箭在空中停留时间不长，观测效率不高。

20 世纪 50 年代出现了人造地球卫星，完全飞越到地球大气之外。在人造卫星上进行天文观测，完全没有大气吸收，观测时间又长，这是最理想不过的了。60 年代以来，人们把各种天文仪器安装到人造卫星上进行观测。卫星在轨道上长时间绕地球飞行，不断地进行天文观测。这种卫星常常叫作轨道天文

天文卫星

台或者天文卫星。

从气球、火箭到天文卫星，观测仪器逐渐走向大气外空间，开辟了空间天文学这一全新的科学领域。空间天文学完全克服了地球大气的限制，观测到天体辐射的全部电磁波，发现了许多重要的天文现象。

空间天文学不仅使我们观测到天体发出的全部信息，而且随着星际飞行技术的发展，使人类可以接近或者登上遥远的天体。从此，天文学不再只是远距离观测的科学，而且还可以进行直接的实验了。

宇宙飞船登上的第一个天体是月亮，因为月亮最近，距地球只有三十八万千米。宇宙飞船绕月球飞行的时候，就用重力仪对月球进行了重力勘查。登月以后，又在月面上安装了地震仪，通过"月震"来了解月球内部的结构。后来还从月面带回了土壤和岩石，到地球上来进行化验。

宇宙飞船越飞越远，现在已经到达离地球几千万千米的金星和火星，从外到里探测了金星大气的状态，拍摄了火星的环形山和"地形"照片，并且开始进行搜索火星上生命的实验。

宇宙飞船还要飞向木星和更遥远的天体。

空间天文学正在迅速发展，它和射电天文学一起，是近二三十年中天文观测手段的大跃进。下面我们就来看一看它们带来的丰硕的果实。

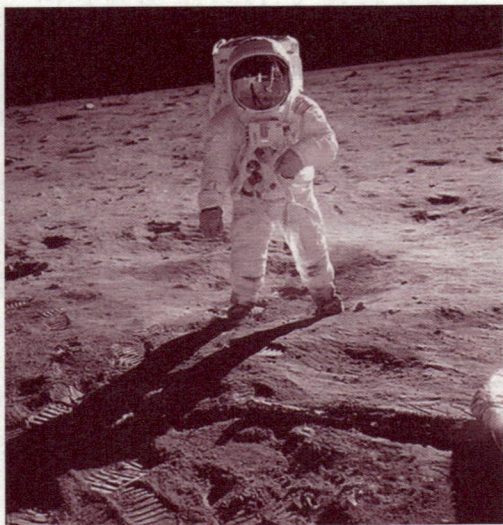

人类登上月球

知识点

红外线

　　红外线是太阳光线中众多不可见光线中的一种，由英国科学家霍胥尔于1800 年发现，又称为红外热辐射，他将太阳光用三棱镜分解开，在各种不同颜色的色带位置上放置了温度计，试图测量各种颜色的光的加热效应。结果发现，位于红光外侧的那支温度计升温最快。因此得到结论：太阳光谱中，红光的外侧必定存在看不见的光线，这就是红外线。红外线也可以当作传输之媒介。

延伸阅读

空间站

　　人类并不满足于在太空作短暂的旅游，为了开发太空，需要建立长期生活和工作的基地。于是，随着航天技术的进步，在太空建立新居所的条件成熟了。

　　空间站是一种在近地轨道长时间运行，可供多名航天员在其中生活工作和巡访的载人航天器。小型的空间站可一次发射完成，较大型的可分批发射组件，在太空中组装成为整体。在空间站中要有航天员能够生活的一切设施，不再返回地球。

　　国际空间站结构复杂、规模大，由航天员居住舱、实验舱、服务舱，对接过渡舱、桁架、太阳电池等部分组成，使用期一般为 5～10 年。

　　质量约 423 吨、长 108 米、宽（含翼展）88 米，运行轨道高度为 397 千米，载人舱内大气压与地表面相同，可载 6 人。建成后总质量将达 438 吨。

星际空间的生命

在恒星之间是暗黑的空间，但是这里也并不是绝对的虚空，而是充满着星际物质。银河系里的星际物质，主要是氢，平均每立方厘米有一个氢原子。星际物质的分布很不均匀，有些地方相当浓密，形成星际云，靠近亮星的星际云被照亮成为亮星云，附近没有亮星的就成为暗星云。暗星云虽然暗，但是由于它遮住了后面的星光，因而在繁星的背景上表现为暗区，使我们可以觉察它的存在。我们观看银河，可以看到其中有一些暗区和暗带，这就是星际气体和尘埃物质集中的区域。

暗星云

星际物质吸收背后的星光，在透过来的星光光谱中便留下了星云的吸收线，于是可以了解星云的化学成分。在 20 世纪 40 年代，就通过恒星光谱的星云吸收线得知星际物质中除氢原子、氢离子等和固体尘埃以外，还有甲烷、甲烷离子、氰基这样几种物质。此后就没有太大的进展。

对星际物质的全新的了解是在射电望远镜出现以后。1963 年，在射电波段，观测到星际物质本身发出射电谱线，这种谱线是由分子激发而辐射出来的。由这种射电谱线可以推测它是由什么样的分子激发出来的。首先发现的分子是羟基。1968 年发现了星际氨，1969 年又发现了水汽。以后陆续发现了甲酸、乙醇等四十多种星际分子。有许多分子是有机分子，有的分子相当复杂，例如乙醇就是由九个原子构成的。最近加拿大一个天文台还宣布发现了一种含 11 个原子的新星际分子。近几年还发现了许多分子谱线源。这些发现大大丰富了我们关于星际物质的知识。

星际分子的观测不仅使我们可以更详细地了解银河系的结构，更重要的是，星际分子说明星际空间存在某种过程，会把简单的原子合成为复杂的分子，使无机物向有机物转化。地球上的实验室已经可以用氢、水、氨、甲烷、甲醛等分子合成氨基酸。氨基酸是组成生命的基本成分——蛋白质的主要原料。复杂星际分子的出现意味着，宇宙空间可能存在由分子合成生命的过程。

燃烧的甲烷

宇宙空间中正在形成生命，这是多么意味深长的事！的确，物质的任何存在形式都是暂时的、变化的，没有什么永恒的东西，一切都有生有灭。生命，在发展、在消亡，同时又在产生。星际分子正在印证这一光辉预言，生命正在宇宙空间许多地方产生。

知识点

光 谱

　　光谱，是复色光经过色散系统（如棱镜、光栅）分光后，被色散开的单色光按波长（或频率）大小而依次排列的图案，全称为光学频谱。光谱中最大的一部分可见光谱是电磁波谱中人眼可见的一部分，在这个波长范围内的电磁辐射被称作可见光。光谱并没有包含人类大脑视觉所能区别的所有颜色，譬如褐色和粉红色。

延伸阅读

暗物质

在宇宙中是否还存在不发光物质、不发光的天体？这似乎是不成问题的问题。例如，在太阳的周围有八大行星，有月亮这类的卫星。这些行星或卫星自身并不发光，它们仅能反射光。其实，所谓发光物质只不过是这种暂时不发光的物质处在高温、高压环境的状态而已。所以，在宇宙中是否存在不发光物质的问题，似乎是这些会发光物质所存在的状态的问题，问题是它们在宇宙中所占有的比重如何。如果把宇宙中存在于不发光状态的常见物质，如质子、中子、电子等占发光状态的比重问题，仅仅归结为在其他星系中是否存在着行星、卫星等，那还不是十分重要的问题。因为八大行星加上可能的彗星，其总质量还不到太阳的1%，更为重要的是处在不发光状态的常见物质，是否在总质量上比发光的星体多一个量级，还是他们只占微不足道的分量，或是彼此差不多，如此等等。因为这涉及天体或星系团演化的基本规律。而更为重要的问题是，宇宙中是否除质子、中子、电子等"会"发光的物质以外，还存在着在原则上就不会发光的物质，或者说，它们自身不仅不能发光，而且也不会反射、折射或散射光，亦即对各种波长的光，它们都是百分之百的透明体！它们就是神秘的暗物质。

悄无声息的背景辐射

1965年，射电望远镜在天空巡视的时候，在微波波段还发现了一种来历不明的辐射。它不是某一定的方向或一定区域里才有的，而是弥漫全天，处处一样，好像是恒星、星系和射电源等天体活动的背景，人们便把它称作"背景辐射"。

背景辐射的第一个特点是各向同性。这说明它不可能起源于银河系以内。如果是均匀分布于银河系以内的某种物质的辐射，由于我们所在的太阳系不在银河系中心，在不同方向这种物质的厚度不一样，它的强度不应该是各向同性的。所以它应该来自更广阔的宇宙空间。

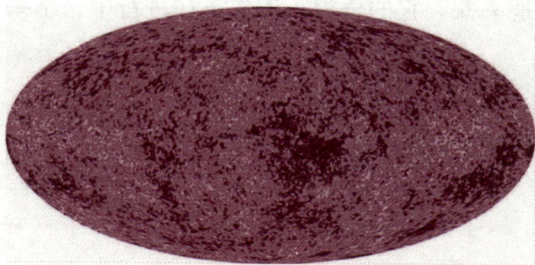

背景辐射

20 世纪 40 年代大爆炸宇宙论提出来的时候，天文学家曾经预言爆炸以后冷却到现在，宇宙空间残留的余温应该是绝对温度五度。这个数值同背景辐射温度十分接近。因而这一派宇宙论学者便主张，背景辐射就是宇宙原始火球大爆炸的"灰烬"辐射，认为他们的理论又得到了一个观测事实的验证。

不过，人们仍然存在疑问，不仅对大爆炸理论有争议，对观测事实也还需要商榷。

问题首先在于辐射的性质。背景辐射是强度随波长连续变化的连续辐射。通常的连续辐射是热辐射，它的强度分布由辐射体的温度决定。认为背景辐射是绝对温度三度的灰烬辐射的前提是把它作为热辐射处理。但是热辐射不是产生连续辐射的唯一的原因，例如电子在磁场中回旋运动时的同步加速辐射也是连续辐射，它的强度分布就跟热辐射不一样。热辐射的分布是在某一波长最强，比这个波长长和短的辐射强度都比较小。同步加速辐射是幂律的，也就是说，它的强度同频率的若干次方成正比。如果背景辐射是热辐射，它的强度必须符合热辐射的分布曲线。

绝对温度三度的热辐射的极大强度应该出现在 1 毫米波长上。比 1 毫米更短的波长的辐射强度应该渐次减弱。背景辐射的实际强度分布曲线在波长大于 1 毫米的波段同绝对温度三度的热辐射是相当符合的。在 1 毫米以下，理论曲线应该拐弯，可是偏偏到了这里又缺少实测资料。因为地球大气中的水汽几乎完全吸收了波长 1 毫米以上的辐射。只有火箭做了几次高空观测，提供了 1 毫米左右的辐射强度，有的结果显示出在这里曲线的确拐弯了，有的结果又似乎没有拐下来。

对于更短的波长，不仅有大气吸收的困难，观测技术也极其有限，因此目前还没有结果。于是争议还不能解决。

背景辐射的性质关系到一种宇宙学假说的是非，因此天文学家要加倍努力

地去探寻它的全貌。工作正在进行中，结果如何，人们都拭目以待。

知识点

射电望远镜

　　射电望远镜，是指观测和研究来自天体的射电波的基本设备，可以测量天体射电的强度、频谱及偏振等量。包括收集射电波的定向天线，放大射电信号的高灵敏度接收机，信息记录、处理和显示系统等。

延伸阅读

乔治·伽莫夫

　　第一个试图定量描述大爆炸物理条件的人是乔治·伽莫夫。他在 1940 年代应用当时正在发展的量子物理学知识，研究宇宙诞生时应该发生过的核相互作用类型，他发现原始氢应该已经部分转变为氦。

　　根据计算，通过这种方式产生的氦的数量，依赖于这些相互作用发生时大爆炸的温度。它应该被一个热的、取 X 射线和 γ 射线形态的短波黑体辐射火球填充。伽莫夫小组领悟到，对应这个火球的热辐射，应该已经随着宇宙的膨胀而稀化和冷却，但仍然以高度红移了的射电波形态存在。

　　由于没有"宇宙之外"的地方让这一辐射逃走，它就永远充满宇宙，宛如气球内部的气体永远充满气球。如果拉扯气球使它变大，但不让更多的气体进入，气球内部气体的密度将变小。同样，当宇宙膨胀时，充满它的辐射的密度也将变小。这对应着温度的降低和辐射波长的增加——红移。但是，虽然辐射已经冷却，它仍然应该像充满气球的气体那样均匀充满宇宙。它应该从空间所有方向照射地球，而宇宙膨胀引起的辐射波长被拉开的量，决定了它今天的温度。

各种各样的辐射源

正当射电望远镜在继续发现许多新型天体和天象的时候，空间天文学又突破了地球大气的限制，给天文学带来了新的信息。

在红外区，红外源的发现有重要的意义。在猎户座里有几个红外源，绝对温度是 650℃；还有一个红外源在 22 微米波长上的强度"亮"得像月亮一样，温度却只有 − 123℃。

红外源的发现给恒星形成问题提供了证据。看来它们就是正在形成的原始星。绝对温度 1000℃ 以下的天体不发射可见光，只发射红外线，红外源的发现弥补了处在低温阶段的天体在观测上的空白。

有的红外源却不像是原始星。在银河系中心方向，发现了一个直径不到三分之一光年的红外源，可是它的强度相当于 25 万个太阳的辐射。如果在这么小范围里有这么多的太阳这

猎户座

样的天体，那么它们就要互相碰撞。一般说来，天体的年龄越长，互相碰撞的情况越少，因为有更多的机会得到调整。现在互相碰撞比较多，可知它的年龄一定要比银河系的年龄短得多。它是怎么形成的呢？这就要求我们对银河系的核心有更深的认识。

1962 年，用火箭首次发现了太阳以外的 X 射线源以后，许多 X 射线源相继被发现。1970 年，专门观测 X 射线辐射的天文卫星上天，一举发现了一百五十多个 X 射线源。大批 X 射线源的出现使 X 射线天文学迅速发展起来，并且成为当前天体物理学中十分活跃的一个分支。

大多数 X 射线源是在银河系里的天体。例如，武仙座 X – 1 的 X 射线辐射

是脉冲式的，它的强度又有一个比较长周期的变化，它是一个 X 射线脉冲双星。1572 年（明隆庆六年）仙后座超新星出现的地方有一个很强的 X 射线源，它是超新星爆发的余迹发出的。天鹅座 X－1 可能是一个黑洞。

还有一些 X 射线源来自银河系以外，例如天鹅座 A 就是一个射电星系。

有的 X 射线源是类星体，例如 3C273 也发射 X 射线。

还有一种 X 射线爆发源，相当于 X 射线新星。

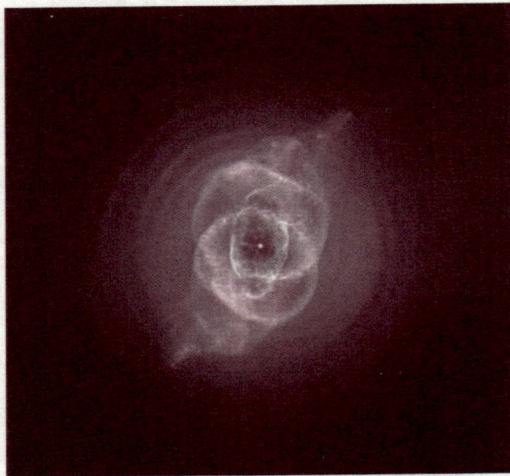

新　星

在比 X 射线波长更短的 γ 射线波段，也观测到一些辐射源。例如，蟹状星云就是一个 γ 射线源。γ 射线源的观测也发现了一些有趣的现象。例如，射电星系半人马座 A，在 1968 年并没有出现 γ 射线辐射，而到 1974 年观测的时候，它的 γ 射线比射电辐射还强 10 倍。很可能在这一期间发生了一次大爆发。

X 射线和 γ 射线的观测正在迅速发展，它不断带来的新发现必将大大增进我们对于脉冲星、类星体、黑洞、特殊星系等天体的了解。

当人们把射电望远镜、红外望远镜、紫外望远镜、X 射线和 γ 射线探测器对准天空搜寻的时候，发现了各种各样的辐射源，分别把它们的位置、大小和强度绘制成星图一样的天图。在这种图上，也是密密麻麻、"星斗"满天，既有十分集中的点源，又有相当弥漫的面源。把它们和通过可见光观测到的星图对比，可以知道，有的同可见光星图的某些星系、星云或恒星相重合，有的却不对应任何已知的天体。这说明有的天体在各种波段都有辐射，有的只在某几个波段有辐射。

各种辐射源大量出现，它们的性质不可能很快就弄清楚，是恒星还是星系，是脉冲星还是类星体，不能很快就判定出来。因此在发现之后把它们叫作"源"而不叫作星。

各种辐射源所反映的天体的性质，往往是传统天文学难以理解的。新观测资料的积累和整理研究，必将使天文学向前迅速推进，而对天体演化的认识也将进一步加深。

知识点

猎户座

　　猎户座，赤道带星座之一。位于双子座、麒麟座、大犬座、金牛座、天兔座、波江座与小犬座之间，其北部沉浸在银河之中。星座主体由参宿四和参宿七等4颗亮星组成一个大四边形。面积为594平方度，居第26位。纬度变化位于+85°和-75°之间可全见，最佳观测月份为1月。2010年3月，赫歇尔太空天文台在猎户座星云中发现了潜在的生命有机物的化学指纹。

延伸阅读

放射性核素源

　　指天然的和人工生产的放射性核素源。按释放辐射的类型分 α，β，γ 三类放射性核素源。常用的放射性核素源有：Co60 和 Cs137γ 辐射源；Pu239，Po210，Ra226 和 Rn222 α 辐射源以及 P32 和 Sr90－Y90 β 辐射源等。γ 辐射源是使用最广的放射性核素源，由反应堆制得，可制成很高的比活度和各种形状，释放的 γ 射线穿透物质能力强，用于气体、液体和固体辐射化学研究和辐射加工工艺。α 和 β 辐射源释放的 α 粒子和 β 粒子穿透物质能力小，适用于照射气体物质和做内照射源。Na22 为正电子源，用于正子素研究。Kr85 为气体辐射源，主要作为 β 源。

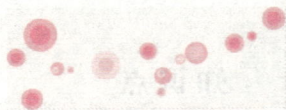

人类研究宇宙的理论

人们对宇宙的认识离不开无数天文学家的努力工作，甚至有许多研究宇宙的天文学家，为了热爱的事业抛头颅、洒热血。

这些为了天文事业无畏无惧的先驱们，创造了一个又一个支持研究宇宙的理论。直至现在，这些理论仍在宇宙研究中起着很重要的作用。

牛顿、哈勃、奥尔勃斯等人的理论将会永留青史，他们的理论指导了一代又一代的天文学研究者，他们对于研究宇宙的贡献，是永不可磨灭的。

牛顿提出的宇宙模型

宇宙结构和演化的现代观点基于爱因斯坦的广义相对论。因为这个理论不容易领会，我们将分阶段地探讨相对论的宇宙论。如果牛顿能活到今天，他可能提出来一个宇宙模型。

牛顿不知道星系，但他想到了一个类似的恒星分布。他指出，由于引力，这样分布的每个恒星将吸引所有其他的恒星，所以若在某区域内恒星稍富余一些，其他恒星就将被吸引到这里来。这样即使恒星开始是静止的，在相互的引力吸引下它们不久即开始运动。同样的说法可用于星系，所以牛顿听到星系彼此间正在相互运动是不会奇怪的。但他可能会对所有星系实际上正以随距离而增加的速度离开银河系而运动的消息感到迷惑。就这件事来说，这个运动似乎以银河系为中心，这就意味着我们偶然生活在里面的一个很普通的星系是宇宙的中心。我们是特殊的这一概念以前已经被怀疑了。地球不是太阳系的中心，太阳系也不是银河系的中心。况且，我们应该预料，万有引力引起宇宙收缩而不是膨胀。

虽然看来似乎宇宙中心在银河系，然而按哈勃发现的膨胀类型，事实上也可以一样表明以任何星系作为中心。这样，宇宙任何地方的观察者都不能认为他是处于中心的位置上。这个陈述与宇宙模型不应该依赖于观察者在这个系统中处于一个特殊位置的要求是一致的。

哈勃常数 H_0 的倒数是距离被速度除，它的单位是时间。其值是 2×10^{10} 年。这个哈勃时间是宇宙年龄的估计值，因为任意两个星系在那个时间以前是在一起的。对于现在间隔任意距离的两个星系它同样能很好地应用。因为较快的星系在同样的时间里分离得更远。有趣的是哈勃时间，2×10^{10} 年，比太阳年龄（4.7×10^9 年）略微大些，但不是大很多。

这个论证应加以修正，因为所有星系都以万有引力相互吸引着，因此每过一个时刻彼此间的向外速度都要减少。速度不像假设的那样是恒定的，而是在过去必然要大一些。因此各个星系必在一个比哈勃时间更短的时间内到达它们现在的位置。所以宇宙年龄必定比哈勃时间小一个量；这个量依赖于作用在各个星系上的万有引力。后面我们将看到这个效应有多大。

彗　星

这种推理的线索将使牛顿退回到哈勃膨胀所提出的另一个基本问题上：为什么星系彼此背向地运动，而不是像我们在万有引力的基础上所天真地期待的那样彼此靠拢呢？因为牛顿熟知太阳系中引力的效果，他将认为这实际上不是一个问题。毕竟彗星在绕太阳的轨道上有一半时间是背离太阳运动的。万有引力不需要天体必然地向内运动，而只是需要它们向内被加速。为了使我们想象为什么如此，考虑一个向上抛球这样的平常例子。首先，这个球离开吸引力的中心地球。朝下的引力作用只是一点一点地克服了向上的速度使球速减慢，渐渐停止，最终下落。完全同样的方式，对于星系系统，若是最初给予一个足够大的向外速度，则它们还没有到达被向内拉的引力所完全停顿的那个时间。

　　这个思路导致一个问题，宇宙中的引力是否大到足以使星系返回，还是像具有足够大速度的火箭脱离地球那样，它们将永远冲进宇宙空间？迄今还没有给出确切的答案，因为，为了预言宇宙未来的演化，我们必须知道它里面存在多少物质。宇宙中物质的总数迄今还不能足够精确地知道。

知识点

牛　顿

　　艾萨克·牛顿是人类历史上出现过的最伟大、最有影响的物理学家、数学家和哲学家，晚年醉心于炼金术和神学。他在1687年7月5日发表的不朽著作《自然哲学的数学原理》里用数学方法阐明了宇宙中最基本的法则——万有引力定律和三大运动定律。这四条定律构成了一个统一的体系，被认为是"人类智慧史上最伟大的一个成就"，由此奠定了之后三个世纪中物理学界的科学观点，并成为现代工程学的基础。牛顿为人类建立起理性主义的旗帜，开启工业革命的大门。牛顿逝世后被安葬于威斯敏斯特大教堂，成为在此长眠的第一个科学家。

延伸阅读

力学和引力方面的贡献

　　1679年，牛顿重新回到力学的研究中：引力及其对行星轨道的作用、开普勒的行星运动定律、与胡克和弗拉姆斯蒂德在力学上的讨论。他将自己的成果归结在《物体在轨道中之运动》（1684 年）一书中，该书中包含有初步的、后来在《自然哲学的数学原理》中形成的运动定律。

《自然哲学的数学原理》（现常简称作《原理》）在埃德蒙·哈雷的鼓励和支持下出版于 1687 年 7 月 5 日。该书中牛顿阐述了其后两百年间都被视作真理的三大运动定律。牛顿使用拉丁单词"gravitas"（沉重）来为现今的引力（gravity）命名，并定义了万有引力定律。在这本书中，他还基于波义耳定律提出了首个分析测定空气中音速的方法。

由于《原理》的成就，牛顿得到了国际性的认可，并为他赢得了一大群支持者：牛顿与其中的瑞士数学家尼古拉·法蒂奥·丢勒建立了非常亲密的关系，直到 1693 年他们的友谊破裂。这场友谊的结束让牛顿患上了神经衰弱。

有趣的奥尔勃斯佯谬

如果我们的宇宙确实是无限的、稳定的，这时我们将面临一个有趣的佯谬，它首先由奥尔勃斯提出。若宇宙真是无限的，则任一视线迟早将会遇到一颗恒星的表面，这个恒星正像太阳那样发着灿烂的光辉。由太空中星系的估计数目和每个星系中的恒星估计数目算出每遇到一个恒星我们必须走过的平均距离估计为 10^{18} 百万秒差距。因为在一个大于 10^{18} 百万秒差距的宇宙中，大多数视线将终止在一颗恒星上，在这样一个宇宙的天空，甚至在夜间也会是灿烂发光的；这与观测显然极为矛盾。因此宇宙不能是无限的、稳定的。如果它是稳定的其横断面必小于 10^{18} 百万秒差距。考虑到夜空不仅比太阳表面暗许多也比星系表面暗；这个说法可被显著地加强。这个事实暗示宇宙必然更要小很多，不大于 3×10^{6} 百万秒差距。这个简单的论证没有考虑这个星系的光可能被未知的尘云或膨胀变暗，膨胀使光红移越出光谱的可见区域。

但是，当我们考虑一个有限的并且过去与今天不同的膨胀的宇宙时，奥尔勃斯佯谬就不是一个问题了。不仅宇宙显然正在膨胀，而且被牛顿用来解释引力的物理学已被爱因斯坦提出的理论所代替。

知识点

奥尔勃斯

德国天文家，1758 年 10 月 11 日生于阿尔贝根（不来梅附近）；1840 年 3 月 2 日卒于不来梅。奥尔勃斯在哥延根学做内科医生，于 1780 年毕业。他在不来梅行医，但总是在天文观测中度过他的夜晚。他把自己住所的上层变成了一座天文台。他起初酷爱研究彗星，并于 1797 年研究出一种确定彗星轨道的方法，这种方法至今还在应用。他发现了 5 颗彗星，其中于 1815 年发现的那颗至今仍称为奥尔勃斯彗星。在献身于寻找火星与木星间隙内那颗行星的行列中，奥尔勃斯是领导人物之一。

延伸阅读

太空旅游

太空旅游是基于人们遨游太空的理想，到太空去旅游，给人提供一种前所未有的体验，最新奇和最为刺激人的是可以观赏太空旖旎的风光，同时还可以享受失重的味道。而这两种体验只有太空中才能享受到，可以说，此景只有天上有。太空游项目始于 2001 年 4 月 30 日。第一位太空游客为美国商人丹尼斯·蒂托，第二位太空游客为南非富翁马克·沙特尔沃思，第三位太空游客为美国人格雷戈里·奥尔森。

影响深远的狭义相对论

爱因斯坦首先研究从不同速度运动的观察者看来，在空间的某些点上和某些时刻上事件是怎样发生的。牛顿有一个未曾明言的假定，在某观察者看来相距某一距离的两个事件，在相对于第一个观察者而运动的另一些观察者看来，也相距同样的距离。举例说，如果有两位摄影师用闪光摄影拍摄一支游行队伍。站在人群中的某人看到两位摄影师相距为 10 米；另一个人从疾驰而过的警车上看两位摄影师，在他看来，他们相距也是 10 米。爱因斯坦指出，不是这样的。两个观察者在总距离上会相差一个很小的分数。这个所差之数与观察者的速度除以光速的平方有关。当速度是每小时 60 千米时，这个分数只有 10^{-14}。因此这个效应在日常生活中是微不足道的。但是在其速度接近于光速的遥远星系上，它是一个主要的效应。因此，研究一个像宇宙这样的系统时，相对运动是重要的，应该予以考虑。

按爱因斯坦的观点，对两个观察者来说两次镁光灯闪光的间隔时间也有差别，还是差一个相似的小分数。为了避免这个差别，爱因斯坦寻求表征两次闪光之间距离和时间间隔的东西，以使两个观察者看起来它们是一样的。爱因斯坦研究一个叫作时空间隔的数学对象。它由两个事件的时间间隔和距离间隔组成。

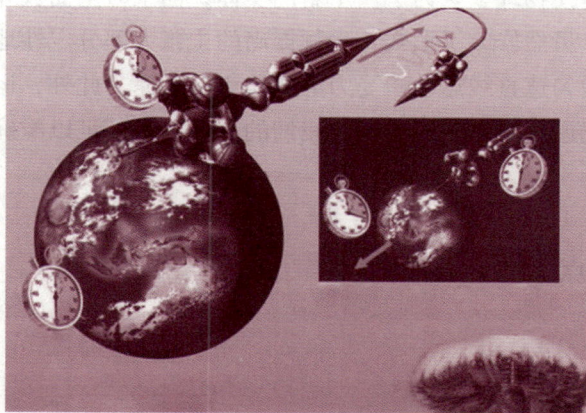

狭义相对论基本原理

这个发现把物理学引入了困境。爱因斯坦将空间和时间置于相等地位以新形式重写了物理学。他的重新改写中应用了三维空间和一维时间的四维时空概念，被称做狭义相对论。空时中的点，代表发生在确定的位置和时间上的事件。空间和时间中事件之间的间隔组成时空间隔，它是不变的，即所有观察者看来它们都是一样的。关于两件事之间关系的计算，使用了时空间隔的术语，它是物理学的总括和实质。因为，它被所有观察者都测出相同的值，不可能有所混淆。

　　人们发现狭义相对论的预测与接近光速运动粒子的实验极为相符。后者的成功，立即具有实际价值，因为正当爱因斯坦完成他的狭义相对论时，物理学家们也正在发现质子、中子之类的粒子，它们与原子核做强相互作用。应用爱因斯坦的理论，他们才可能设计一些将质子加速到接近光速的设备（核粒子加速器）。现在已有的最大功率加速器把粒子加速到光速的 10^{-2} 以内。在此速度下粒子可穿透原子核并探测它的结构。计算这些粒子的运动需要狭义相对论，它已卓有成效地用于核物理学中。

　　狭义相对论所得到的最有趣结果之一是质量和能量互成比例，比例常数为光速 c 的平方，即公式 $E = mc^2$。在这个著名的公式中 m 为粒子质量，E 为它的能量。这个公式的意义之一是当粒子获得速度及动能时，它的质量明显地增加。它也意味着确实带有能量的光波必然具有好像它有质量一样的行为，并必被引力吸引向其他物体。

　　爱因斯坦迫使物理学家为了一个新的实体，四维时空而放弃三维空间和时间。尽管如此，虽然修改了形式，牛顿提出的主张大部分定性地仍然正确。不受力的物体仍做匀速直线运动，受力的物体仍被加速。此外，运动速度比光速低很多的粒子仍遵从牛顿定律，因为我们的测量技术不足以准确地觉察这微小的差别。

▸▸ 知识点 ▸▸▸▸▸

中　子

　　中子是组成原子核的核子之一。中子是组成原子核构成化学元素不可缺少的成分，虽然原子的化学性质是由核内的质子数目确定的，但是如果没有中子，由于带正电荷质子间的排斥力，就不可能构成除氢之外的其他元素。

延伸阅读

时钟双生子佯谬

相对论诞生后，曾经有一个令人极感兴趣的疑难问题——双生子佯谬。一对双生子 A 和 B，A 在地球上，B 乘火箭去做星际旅行，经过漫长岁月返回地球。爱因斯坦由相对论断言，二人经历的时间不同，重逢时 B 将比 A 年轻。许多人有疑问，认为 A 看 B 在运动，B 看 A 也在运动，为什么不能是 A 比 B 年轻呢？由于地球可近似为惯性系，B 要经历加速与减速过程，是变加速运动参考系，真正讨论起来非常复杂，因此这个爱因斯坦早已讨论清楚的问题被许多人误认为相对论是自相矛盾的理论。如果用时空图和世界线的概念讨论此问题就简便多了，只是要用到许多数学知识和公式。在此只是用语言来描述一种最简单的情形。不过只用语言无法更详细说明细节，有兴趣的读者请参考一些相对论书籍。我们的结论是，无论在哪个参考系中，B 都比 A 年轻。因为 B 是经过加速的，你看刚开始在地球上，与 A 的相对速度为 0，而后来速度接近光速了（注意是接近）。很明显是变速运动了，所以这样一来就不能说是"认为 A 看 B 在运动，B 看 A 也在运动，为什么不能是 A 比 B 年轻呢？"这句话根本就是对相对论错误的理解。而且 B 的年轻是相对于 A 的，对于他本人来说是不存在多活多少时间这么一说的。

为使问题简化，只讨论这种情形，火箭经过极短时间加速到亚光速，飞行一段时间后，用极短时间掉头，又飞行一段时间，用极短时间减速与地球相遇。这样处理的目的是略去加速和减速造成的影响。在地球参考系中很好讨论，火箭始终是动钟，重逢时 B 比 A 年轻。在火箭参考系内，地球在匀速过程中是动钟，时间进程比火箭内慢，但最关键的地方是火箭掉头的过程。在掉头过程中，地球由火箭后方很远的地方经过极短的时间划过半个圆周，到达火箭的前方很远的地方。这是一个"超光速"过程。只是这种超光速与相对论并不矛盾，这种"超光速"并不能传递任何信息，不是真正意义上的超光速。如果没有这个掉头过程，火箭与地球就不能相遇，由于不同的参考系没有统一的时间，因此无法比较他们的年龄，只有在他们相遇时才可以比较。火箭掉头后，B 不能直接接受 A 的信息，因为信息传递需要时间。B 看到的实际过程是在掉头过程中，地球的时间进度猛地加快了。在 B 看来，A 先是比 B 年轻，接着在掉头时迅速衰老，返航时，A 又比 B 衰老得快了。重逢时，B 仍比 A 年轻。也就是说，相对论不存在逻辑上的矛盾。

进一步发展的广义相对论

爱因斯坦在他的广义相对论中，更向前走了很大一步。他的目标是使牛顿的引力理论相对论化，即用所有观测者都认为一致的量将实验结果公式化。我们看到牛顿的空间和时间概念没有协变的性质，因此他的定律当速度接近光速时失效。一个能用于膨胀宇宙的引力理论必须是可靠的。在研究像太阳这样的引力场中物体如何运动时，爱因斯坦阐述这个问题时没有涉及引力。他采用引力质量沿着时空中曲线前进的观点，作为这种情况下几何性质的自然响应。所有物体沿弯曲时空中的最短路线运动。这个概念可用在平滑的斜坡草地上滚动的高尔夫球的路径描绘出球的运动路径，可由牛顿运动定律，考虑到引力和地作用在球上的力而算出。但考虑到表面的曲率，球自然地随同它而滚动，会使问题更容易解决。

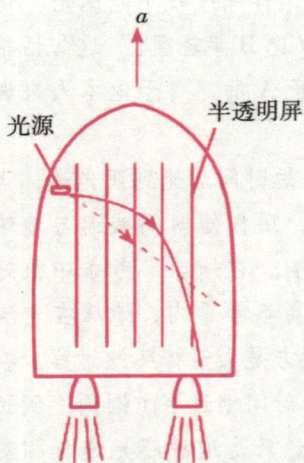

在加速运动的飞船中光线发生弯曲

广义相对论

广义相对论主张时空本身而不是它里面的某些面是弯曲的。为了理解这个概念，我们必须区别直线和测地线。一条直线不向左或右偏离；一条测地线定义为两点间的最短路径。在普通的三维没有引力的空间中两者是相同的，直线是两点间最短的距离，测地线也是这样。从广义上讲两者是不一样的，例如我们考察像地球这样的曲面时所看到的那样。如果我们被限制在这样的面上，就不可能构成一条直线，因为在这个面上所有的线都随之而带有曲率。但喷气机飞行员知道在任何两个城市之间存在一条唯一的最短路径也就是测地线。在像地球这样的球上，做一个通过两个城市和地心的平面就可以将这个路径找到，这个路径在表面上形成一个大圆。这时，两城市间的最短路径是沿着连接它们的大圆线。虽然大圆线不是直的，然而它们在球上是测地线。

类似的情况也存在于弯曲的时空中。将路径上所有时空间隔相加，来计算曲线长度。弯曲时空中连结两点的测地线是弯曲的；事实上，这就是一般弯曲空间的意义。虽然在弯曲时空中不可能画出一条直线，但是测地线起着一般欧氏空间几何中直线的作用。像牛顿所述，在通常的空间中如果没有外力则物体沿直线运动那样，爱因斯坦则假定在靠近引力物体的弯曲时空中物体和光沿测地线而运动。为了处理引力，牛顿引入了万有引力这个概念，解释说在引力体存在时物体不沿直线运动。爱因斯坦却将直线的概念推广到测地线；他假定时空被引力体所弯曲，因此测地线也被弯曲。所有物体不论它在哪儿对曲率都有贡献，所以曲率是非常不规则的。对低速度和弱引力场，这两种观点得出不可区分的观测结果，但对像在膨胀宇宙中那样大的速度和引力场，它们有显著的不同。

当然，当光线在弯曲的时空中沿测地线运动时，在三维空间中它显出是弯曲的。爱因斯坦应用这个理论来计算太阳系中这个效应的大小，并发现由于太阳引力场，刚刚擦过太阳表面的光线将要弯曲 1.75 弧秒。这个效应已被日全食时天空中临近太阳的恒星的直接观测所证实，也被射电源的观测证实。作为这个效应的一个结果是两颗靠近黄道其间隔比太阳的视直径稍大些的恒星在日食期间显得比两者的实际间隔更大些，差距为 2 × 1.75 弧秒 = 3.5 弧秒。地球和这两颗恒星所构成图形的内角之和，比 180° 大 3.5 弧秒，表明当存在具有引力的物体时欧氏几何不再成立。

光被太阳弯曲是引力透镜效应的一个例子，平行光线擦过太阳边缘时像透镜功用那样，在距太阳约 500 天文单位处产生一个

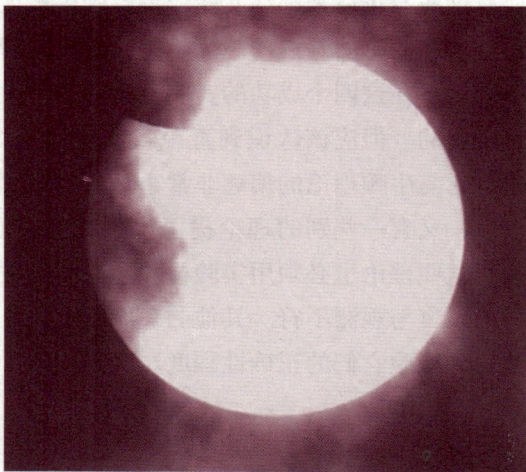

日食发生时的情景

焦点。可能在如中子星和黑洞这样的致密天体附近，引力透镜效应能很容易地被观测到，因为弯曲将用度而不用弧秒来度量。在讨论宇宙论时我们将看到，星系际物质的引力使整个宇宙的作用像一个大透镜，它放大了遥远星系的像，使它们显得比实际要大。

爱因斯坦假定了粒子沿测地线运动，然后就必须计算这些测地线的形式，即精确地找出靠近引力体的时空是怎样弯曲的。他探索了在任何特殊情况下都能给出测地线的多种一般方程式。在他的探索中是由以下要求作为引导的：(1) 方程必须是协变的（即对所有观察者给出同样的结果）；(2) 弱引力场时它们必须给出合乎牛顿运动定律所预言的结果；(3) 它们必须尽可能地简单。结果得到 16 个方程，被称作爱因斯坦场方程；它们将时空曲率与存在的物质总数联系起来。它们是奇迹的源泉，因为尽管它们非常复杂，然而却几乎像艺术作品一样美妙。回顾起来，任何一个人，甚至像爱因斯坦那样的天才怎样能提出这些方程是难以理解的。虽然在很多情况下它们是极端难解的，爱因斯坦指出，当它们应用于太阳时，它们产生的测地线实际上非常接近于牛顿的轨道。

其次，爱因斯坦预言了三个效应，它们是对牛顿理论的相对论性校正：(1) 太阳光谱中原子吸收线的引力红移；(2) 光线弯曲；(3) 水星近日点的进动（水星近日点绕太阳缓慢运动，它的位置的移动速率为每世纪 43 弧秒）。所有这些校正后来都在实验误差范围内被证实。近来，第四个效应，雷达脉冲通过太阳的时间延迟已被测量，并发现与理论相符。

虽然在这四个成功的实验检验的基础上大多数物理学家相信爱因斯坦理论是正确的。但应该认识到直至目前为止这个理论只在太阳系内被检验。在这里，它与牛顿理论的偏离非常小（约 10^{-5} 或更小）。自从爱因斯坦的著作发表以后，又有一些别的理论提了出来，而它们中大多数比爱因斯坦的理论更复杂。这些理论也必须用实验检验。有些已被弃置，因为它们对三个经典试验之一的预言与观测不符。其他的在原则上仍是正确的，虽然观测结果不久将足以精确到检验它们的正确性程度。

知识点

万有引力定律

万有引力定律是艾萨克·牛顿在 1687 年于《自然哲学的数学原理》上发表的。牛顿的普适万有引力定律表示如下：任意两个质点通过连心线方向上的力相互吸引。该引力的大小与它们的质量乘积成正比，与它们距离的平方成反比，与两物体的化学本质或物理状态以及中介物质无关。

万有引力定律是解释物体之间的相互作用的引力的定律。是物体（质点）间由于它们的引力质量而引起的相互吸引力所遵循的规律。

此定律是牛顿在前人（开普勒、胡克、雷恩、哈雷）研究的基础上，凭借他超凡的数学能力证明的。

在高中阶段主要是用了简化的思想，把行星运动轨道由椭圆简化为圆来证明。

万有引力定律的发现，是 17 世纪自然科学最伟大的成果之一。

延伸阅读

雷达回波延迟

光线经过大质量物体附近的弯曲现象可以被看成是一种折射，相当于光速减慢，因此从空间某一点发出的信号，如果途经太阳附近，到达地球的时间将有所延迟。1964 年，夏皮罗（I. I. Shapiro）首先提出这个建议。他的小组先后对水星、金星与火星进行了雷达实验，证明雷达回波确有延迟现象。近年来开始有人用人造天体作为反射靶，实验精度有所改善。这类实验所得结果与广义相对论理论值比较，相差大约 1%。用天文学观测检验广义相对论的事例还有许多。例如引力波的观测和双星观测、有关宇宙膨胀的哈勃定律、黑洞的发现、中子星的发现、微波背景辐射的发现等等。通过各种实验检验，广义相对论越来越令人信服。然而，有一点应该特别强调：我们可以用一个实验否定某个理论，却不能用有限数量的实验最终证明一个理论；一个精确度并不很高的实验也许就可以推翻某个理论，却无法用精确度很高的一系列实验最终肯定一个理论。对于广义相对论是否正确，人们必须采取非常谨慎的态度，严格而小心地做出合理的结论。

针对银河系的宇宙学原理

　　爱因斯坦发表广义相对论不久，苏联数学家费里德曼将它应用于宇宙模型。他采用的观点是，由居于各星系中的观察者看整个宇宙整体上是一样的。被称做宇宙学原理的这个假设包含着没有一个观察者能处于特殊地位的概念。注意，这已超越地球不处于特殊地位的哥白尼学说所持的态度了。宇宙学原理用于银河系，将否认银河系有唯一的中心的存在，这与观测矛盾。因此，如果宇宙学原理完全正确，它只能应用于比银河系大很多的尺度。没人知道宇宙学原理是否正确，天文学家采用它只作为一个实际工作的假说。到目前为止它似乎与观测是一致的。

地　球

　　宇宙学原理意味着宇宙中物质的分布是均匀的；另一方面，不同观测者在他们邻近区域将测出不同特性。"均匀"一词是个相对的术语，因为我们是在一个巨大的空间体积中以平均值研究问题的。"邻近"一词指的是 1000 百万秒差距的距离。这个均匀性实际上之所以存在，是由于以下的观测事实：在各个方向看起来，星系数目大致相符。此外，观测到的哈勃膨胀符合于宇宙学原理，因为这一类型的膨胀显示出是以所有观测者都相等地成为中心。

宇宙学原理显著地简化了宇宙模型的爱因斯坦方程的解，因为它消除了无数可能的位于宇宙不同地点的观察者所看到的不同的时空结构。如果每个观察者看到同样的曲率，则整个宇宙的曲率必具有同一个常数值，如果地球阴影的曲率在每次月食中都是明显的，那么地球必是圆的。

虽然，任何时候宇宙各处的曲率是常数，弗里德曼从爱因斯坦方程发现它必须随时间而变化。因此，宇宙一定在演化，正如我们将要进一步讨论的那样。时空曲率一经给出来，就可以计算测地线的形状并且算出星系运动。弗里德曼发现星系必定相互退行，正如哈勃观测到的那样。

知识点

哥白尼

尼古拉·哥白尼 1473 年出生于波兰。40 岁时，哥白尼提出了日心说，并经过长年的观察和计算完成他的伟大著作《天球运行论》。1533 年，60 岁的哥白尼在罗马做了一系列讲演，但直到临近古稀之年他才终于决定将它出版。1543 年 5 月 24 日去世的那一天才收到出版商寄来的一部他写的书。哥白尼的"日心说"沉重地打击了教会的宇宙观，这是唯物主义和唯心主义斗争的伟大胜利。哥白尼是欧洲文艺复兴时期的一位巨人。他用毕生的精力去研究天文学，为后世留下了宝贵的遗产。哥白尼遗骨于 2010 年 5 月 22 日在波兰弗龙堡大教堂重新下葬。

延伸阅读

高能天体物理学

天体物理学的一个分支学科。主要任务是研究天体上发生的各种高能现象和高能过程。它涉及的面很广，既包括有高能粒子（或高能光子）参与的各种天文现象和物理过程，也包括有大量能量的产生和释放的天文现象和物理过程。最早，高能天体物理学主要限于宇宙线的探测和研究，真正作为一门学科是 20 世纪 60 年代后才建立起来的。60 年代以后，各种新的探测手段应用到天文研究中，一大批新天体、新天象的发现，使高能天体物理学得到了迅速发展。高能天体物理学的研究对象包括类星体和活动星系核、脉冲星、超新星爆发、黑洞理论、X 射线源、γ 射线源、宇宙线、各种中微子过程和高能粒子过程等等。

弯曲时空的曲率

时空的曲率由宇宙中物质的质量及运动决定。如果物质很密，曲率为正值，空间向它自身弯曲（闭宇宙）。若物质密度低，但运动非常快，曲率为负值，空间向无限远处张开（开宇宙）。零曲率的中间情况时，也是向无限远处张开（平宇宙）。

前面我们已强调指出，存在物质的时空几何是非欧氏几何。闭宇宙中大尺度的物质分布引起三角形内角和超过 180°。但这个效应非常之小，甚至对大到 1 秒差距的三角形仅只 10^{-15} 弧秒。只当所涉及的距离与宇宙大小相当时这个效应才可测量。例如，设想天空中位于同一大圆上的各星系。大圆半径为 r。按欧氏几何，平宇宙的大圆的周长为 $2\pi r$。但宇宙若是闭的，则圆周长小于 $2\pi r$。事实上当 r 在这个宇宙中增加时，圆周长达到极大值，然后减小，最后收缩到零。

这是研究上述引力透镜效应的一种方法，按这个方法超过一定距离的星系将显得更大。它们的角径在 360° 中所占比例必与它们的线长（固定值）相对距离为 r 处的圆周长所占比例相同。在很大距离处周长减小，角径增大，如果接近临界点则接近 360°。若能证明超过某一确定点以后，星系看起来随着红移增加而显得更大，则时空曲率将生动地得到证明。不幸，到目前为止已知的所有星系红移均小于 0.64，它们的角直径仍然会随红移的增加而减小。虽然已知约 80 个类星体红移较大，但它们光学像的角径太小，仍然测不出来。它们的射电像的大小是可以量出的，似乎红移在 1 以外时它还均匀地减小。或许这些观测给我们提供了时空的几何资料。另一方面。在演化着的宇宙中我们正看到这些类星体，处于宇宙历史早期的这些类星体。这时我们有理由预期射电辐射区的线尺度较小，以补偿引力透镜反应。

▶ 知识点 ⟩⟩⟩⟩⟩

曲　率

　　曲线的曲率（curvature）就是针对曲线上某个点的切线方向角对弧长的转动率，通过微分来定义，表明曲线偏离直线的程度。数学上表明曲线在某一点的弯曲程度的数值。曲率越大，表示曲线的弯曲程度越大。曲率的倒数就是曲率半径。

延伸阅读

物质与反物质的湮灭

　　反物质概念是英国物理学家保罗·狄拉克最早提出的。他在 20 世纪 30 年代预言，每一种粒子都应该有一个与之相对的反粒子，例如反电子，其质量与电子完全相同，而携带的电荷正好相反。根据大爆炸理论，宇宙诞生之初，应产生了等量的物质与反物质。可能由于某种原因，大部分反物质都转化为了物质，或者难于被观测到，导致在人们看来这个世界主要由物质组成。据认为，类星体产生于宇宙诞生早期，其内部还存在着一些反物质。物质与反物质之间剧烈湮灭，释放出巨大能量。物理学家已经发现了少量的反电子等粒子，但并未发现复杂反物质存在的确凿证据。因而上述说法的理论基础看起来根基不牢。

深得人心的宇宙膨胀论

因为在一定时刻宇宙各处的曲率都是一样的，这个特性可以用一个人在空间中走到曲率非常显著的那点所必须经过的距离来表示。这类似于地球半径的情况。宇宙膨胀时，这个距离也增加，且所有星系间距离以同一比例增加。这样，当它变为现在值的两倍时，到室女星系团的距离将从 20 百万秒差距增加到 40 百万秒差距，到后发星系团的距离将从 140 百万秒差距增加到 280 百万秒差距。（注意这恰好正是由哈勃定律所推断的值，因为距离在七倍远的后发星系团在额定时间里要走比室女星团多七倍的路程。它能如此是因为它的速度也是七倍那么快。）膨胀宇宙实际上不改变它一般的形态只改变尺度，所有星系保持几乎同样的相对位置。如果我们注视着空间的某一固定区域，如 100 百万秒差距大小，靠近边缘的星系将逐渐移动到它的边界以外，同时在内部的星系分布更加稀疏但仍保持同样的相对图形。

我们可用尺度因子来说明宇宙大小，它以相对的方式指出互相没有引力束缚的两星系间的距离。尺度因子的数量级是不重要的，重要的只是它随时间变化的方式。

若光速是无限的，我们看到的是每个星系的"现在"状态，但因为光速是有限量，光通过我们和各星系之间辽阔的空间，将各自需要一段时间，所以我们所见的星系是光离开它的那个时刻"当时"。"现在"和"当时"之间的时间差称做逆视时间。

因为所有星系按爱因斯坦方程中的弗里德曼解释，应以同一方式运动（正比于尺度因子）。但若对于一个非常遥远的天体，它们将以比哈勃定律所预期的更快的速度退行，因为膨胀曲线过去比现在陡。这意味着距离红移关系在较大红移处必须偏离哈勃关系第 5 号星系，正以像朝我们这里来的光波一样的速度即光的速度而退行。它的红移是无限大的。在星系 5 的区域叫作视界，因为它以外的物质的运动比光速快而不能看到。这与狭义相对论矛盾，狭义相对论主张大于光速是不可能的。但它与广义相对论不矛盾，广义相对论中时空曲率产生惊人的效果。唯一的要求就是信号和信息都不能传送得比光速快。

前面在我们讨论黑洞时已遇到过视界的概念。在那里，物质在它进入黑洞的轨道上，以接近光速运动从视野里消失。在这里，视界以外的物质以由于宇宙膨胀而产生的巨大速度隐匿于视野之外。非常奇怪，当宇宙演化时，视界外的物质被宇宙的引力吸引，足以减速到以小于光速的速度运动，当它出现于视界上时，按道理说我们应该能观察到它。

现在宇宙正在膨胀，尺度因子随时间而增加。过去尺度因子与时间的确实关系是什么？将来它的行为怎样呢？弗里德曼从关于曲率与宇宙所含物质关系的爱因斯坦场方程中找到回答。要解这些方程需要知道物质状态。宇宙是否冷到致使尘埃的随机速度很小，结果压强很小，还是它像辐射一样热，由于它的粒子的高速度而产生极大压强，或者它是两者之间的某种情况呢？显然现在的宇宙很像是尘埃而远不像辐射，随机速度远远低于光速。我们已指出，当速度比光速低很多时，牛顿定律和爱因斯坦定律所得结果没有区别。这对近距离的星系常常是真实的，所以认为膨胀被牛顿概念下的引力所减速是可以允许的。

闭宇宙只能持续有限时间，这意味着一组现在正退行着的星系经过一段时间以后将停止向外的运动，并且在引力的吸引下开始再接近，并经过那一段有限时间以后，会回到它原始的距离上。在开宇宙中一组星系从递减的速度永远持续地向外运动，其速度决不降为零。平宇宙也永远持续地膨胀，但它的速度在遥远的将来接近于零，究竟我们生活在开的还是闭的宇宙中，要依赖于宇宙的平均密度是大于还是小于一个临界值。这个密度临界值被称作宇宙学密度或临界密度，它的计算值为 5×10^{30} 克/立方厘米。

闭宇宙的减速比开宇宙大，因为它的质量密度较大。结果，红移随距离的增加超过按哈勃定律的预期值，在闭宇宙时比开宇宙时大。这个差别提供了一个以观测的手段确定宇宙是开还是闭的方法，它需要观察红移星等图的精确形状。人们已经作了许多努力尽可能精确地观察星系，看看它们与开、平、闭宇宙模型所预言的哪一个更精确地相符，但是由于观测星系所得数据的不确定性太大，至今仍难以做出决定。我们能肯定的是密度大概比临界密度的五倍要小，因此宇宙如果是闭的也不是坚强闭合的。这迫切需要观察更遥远的天体，在那里，各模型间预计的差别更大。

解决这个问题的另一方法是直接测定实际密度是大于还是小于宇宙学密度。单独由星系产生的密度仅为临界密度的6%，所以星系若只是质量供给者的话，则我们是生活在一个开宇宙中。

对于开宇宙，它的密度低于宇宙学密度，它的膨胀实际上是以常速率进行。其年龄等于哈勃时间，正与朴素的牛顿模型一致。密度较大的，则年龄较小。密度等于宇宙学密度（平模型）时，年龄为哈勃时间的 2/3，1.3×10^{10} 年。闭合模型时间更短，与复杂的牛顿模型的预计是一致的。

知识点

密 度

在物理学中，把某种物质单位体积的质量叫作这种物质的密度。符号 ρ（读作 rōu）。国际主单位的单位为千克/立方米，常用单位还有克/立方厘米。其数学表达式为 $\rho = m/V$。在国际单位制中，质量的主单位是千克，体积的主单位是立方米，于是取 1 立方米物质的质量作为物质的密度。对于非均匀物质则称为"平均密度"。

延伸阅读

宇宙膨胀率

美国天文学家首次直接观测到了一颗造父变星的直径变化，从而能直接计算它与地球之间的距离。这将有助于更精确地测量各星系与地球的距离，"校准"宇宙膨胀率。

造父变星是亮度会发生周期性变化的一类恒星，北极星就是其中之一。据认为，这类恒星会像做"深呼吸"一样不断膨胀与收缩，产生光变。观测发现，造父变星的光变周期与其真实亮度（绝对光度）有关，因此从地球上观测到的亮度（视星等）同它们与地球的距离相关。如果得知一颗造父变星与地球间的确切距离，利用其他造父变星的视星等与绝对光度数据，就可以推算出这些变星的距离，从而确定它们所在的星系与地球的距离。而星系距离正是计算宇宙膨胀率的基础。但离地球最近的造父变星——北极星离地球也有几百光年，难以用传统的视差法直接测量其距离。以往科学家只能用间接方法估算含有造父变星的星群的距离，进而推断其他星系的距离。美国加州工学院帕洛马天文台的科学家在最新出版的英国《自然》杂志上报告说，他们采用"光学干涉测量"技术，使两台小型望远镜发挥一台大型望远镜的效果，直接观察到了"双子座泽塔"造父变星的膨胀与收缩。"双子座泽塔"是迄今发现的最亮的造父变星之一，离地球约 1000 光年。利用它的尺寸变化与亮度数据，就能直接计算它与地球的确切距离。在此基础上，科学家可以更精确地计算其他含有造父变星的星系与地球的距离。

永留青史的哈勃定律

早期的哈勃，有一个希望，非常明亮的类星体对于把哈勃关系推广到非常远的距离并因而推广到大红移上是有用的。确实它们很多都有大红移。但是对于把类星体的红移简单地解释为宇宙学，也有人不断怀疑其正确性。由于这些原因，哈勃图若推广到大红移仍要依靠星系，包括射电星系。

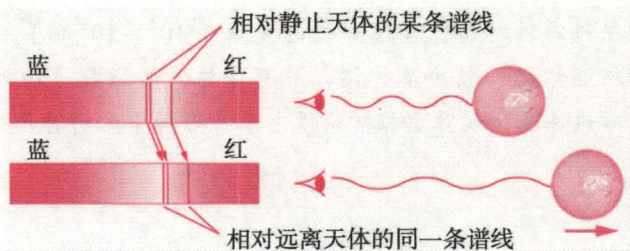

相对静止天体的某条谱线

蓝　　　　红

蓝　　　　红

相对远离天体的同一条谱线

哈勃定律提出的原理

哈勃关系是重要的，独立地证实它是很有益的。红移真的决定距离吗？如果是这样，则不仅随着 z 的增加星系更暗，它们也将有更小的角径。类星体似乎遵从射电星系所遵从的同样关系。这一关系与角度大小反比 z 值的预计是相符的。因为我们用其他方法已知射电星系的距离，我们对射电星系已预料到这个关系。类星体遵从星系所遵从的同样关系的事实可作为类星体的红移是它们

ZHUMENG YUZHOU YU XINGKONG

有效距离的证明。

关于深远宇宙空间的辅助资料来自对射电源的广泛观测。已发现几千个暗弱射电源，但它们对应的光学天体迄今没有被找出来。假定它们是遥远天体，对它们在太空中的分布情况平均一下就提供了一个探测遥远距离处天体分布的方法。结果指出这些天体分布在完全随机的方向上。

应用接收到的射电能量的强度或流量和距离平方成反比的事实，我们可以使用这些源探测深度分布。当运用到星系时，这种研究指出，星系在深度上是均匀分布的。但当用到射电源时，出现一些有趣的事实。我们发现它们不是均匀地分布着的，而是在较远距离处有递增的过剩源。在非常大的距离处，这种递增消失而代之出现不足。这种情况与宇宙是不变的稳恒态假说不一致，但是，若宇宙是演变的，便能很容易地解释了。

▶▶ 知识点　▶▶▶▶▶

射电星系

射电星系是被探测到射电辐射的星系。一般的星系都有射电辐射。通常系指发出强烈的射电辐射（比一般的星系强 $10^2 \sim 10^6$ 倍）的星系。射电星系的射电连续谱一般为幂律谱，且有偏振，谱指数平均为 0.75。射电辐射具有非热性质，起源于相对论性电子在磁场中运动时产生的同步加速辐射。

延伸阅读

哈勃定律的发现

早在 1912 年，施里弗（Slipher）就得到了"星云"的光谱，结果表明许多光谱都具有多普勒红移，表明这些"星云"在朝远离我们的方向运动。随后人们知道，这些"星云"实际上是类似银河系一样的星系。

　　1929 年哈勃对河外星系的视向速度与距离的关系进行了研究。当时只有 46 个河外星系的视向速度可以利用，而其中仅有 24 个有推算出的距离，哈勃得出了视向速度与距离之间大致的线性正比关系。现代精确观测已证实这种线性正比关系 $v = H_0 \times d$，其中 v 为退行速度，d 为星系距离，H_0 为比例常数，称为哈勃常数。这就是著名的哈勃定律。

　　哈勃定律揭示宇宙是在不断膨胀的。这种膨胀是一种全空间的均匀膨胀。因此，在任何一点的观测者都会看到完全一样的膨胀，从任何一个星系来看，一切星系都以它为中心向四面散开，越远的星系间彼此散开的速度越大。